現場実務者のためのリスクマネジメント

―ヒューマンパフォーマンス向上とリスク低減の実践―

氏田博士・作田博・前田典幸 共著

KAIBUNDO

はじめに

技術システムの安全を確保し，さらに向上させるために，個別のトラブル対応ではなく，システムのリスクバランスを見て最適化を図るリスクマネジメントの重要性に対する認識が高まってきた。また，技術システムが巨大化し複雑化するにつれて，事故要因の考えかたは人間個体の問題からシステムや環境や組織との複合性に注目するようになり，システムの要素としての人間特性と組織要因を理解して最適化を図るヒューマンファクター分野が発展してきた。このことから，システムのリスクマネジメントを実現する上で，ヒューマンファクターを考慮することが必須となってきた。さらに，組織の持つ組織文化のなかで安全に対する認識（安全文化）の醸成が，リスク低減に大きく寄与することが明らかになってきた。

本書の前半では，リスクマネジメントの実践に必要なキーワードである「リスクマネジメント」「リスク低減」「ヒューマンパフォーマンス向上」「安全文化」の概念と，その関係性について述べる。なお，リスクマネジメントや安全を考える上で必要な知識としてのヒューマンファクターの概要を，個人の認知–対人関係–チームワーク–組織特性に分類して示す。

システムの安全性向上を図るためには，「どこまで安全であれば安全といえるか？（How safe is safe enough?）」に答えることが要求され，その回答として社会的合意事項である安全目標がある。システムの安全性を確保するための安全設計の明確な方法論は存在しないが，1 つの方向性を示唆するものとして深層防護の概念がある。これは，1 つの手段で安全を確保するのではなく，多様な手段を組み合わせて安全なシステムを実現しようとする考えかたである。

巨大複雑システムにおける「リスクマネジメント」とは，「部分最適が全体最悪をもたらす」ことがないように，過不足のないバランスのとれたシステムの設計（ハード／ソフト）と運用（人間）により安全性向上を実現しようとする活動と言える。言い換えれば，それは，リスクの優先順位に基づき，コストも考慮して，合理的な範囲で脆弱性をつぶしていく「リスク低減」活動である。

ところで，いまある巨大複雑システムは，深層防護や設計基準事故などの安全の論理に基づくハード設計や品質保証活動を通じて，ハードに起因あるいは関わるリスクは2割程度まで低減しているので，残ったリスクは人間が絡んだ事象と言える。このため，リスク低減活動は，リスクに関わる人間行動を良い方向に誘導する「ヒューマンパフォーマンス向上」活動という言いかたもできる。さらには，業務プロセスにおける脆弱性を見つけてつぶしていく「ヒューマンパフォーマンス向上」活動を継続することによって初めて「安全文化」の維持向上にもつながっていくものと考えることができる。

本書の後半は，トラブルの範囲が組織全体にまで及ぶ組織事故の分析や，逆にトラブルのなかで組織として事故の拡大の防止に役立つ対応である良好事例の分析などの具体例を示した。そのなかでは，リスクマネジメントの実践の困難さと必要性，さらには対策の考えかたも示す。多様な事例の分析結果が，実務で分析に携わる現場担当者の参考になることを期待している。

本書は，安全問題に興味を持つ学生から専門家，技術者，研究者まで，多様な人々に読んでもらい，システムの安全を達成するためには，リスクマネジメントの発想でシステム全体のリスクのバランスを見てリスク低減を図ることが肝要であることに対する理解を広め，また深めてほしいとの思いで執筆した。とくに，組織において安全問題を担当する部署や品質保証活動を実施する部署の方々にはぜひとも読んでいただきたいと念じている。現場でトラブル対応（原因分析や対策立案）するなかで，その方法や手順をどうすべきか悩んでいる人々や，リスクマネジメントを現場に定着，普及させる方法を日夜模索している人々の参考になることを期待している。

謝辞

本書におけるシステム全体の安全を図るアプローチは，キヤノングローバル戦略研究所の原子力安全研究会の研究者との議論を参考としています。ヒューマンパフォーマンス向上の考えかたは，原子力安全推進協会の「ヒューマンパフォーマンス向上」研修の講師との議論を重ねて得られたものです。また組織事故分析や良好事例の分析は，品質保証研究会の研究者との共同分析により得られたものです。ここに記して感謝します。

目次

第1章

技術システムと人間

1.1　技術システムと事故の様相の変化と安全のスコープの拡がり

技術システムの発展に伴い，事故の様相も変化し，安全のスコープも拡がりつつある[1]。その変化の様相は図 1-1 に示すように，技術システムが現代のように複雑ではなかった時代には，技術の欠陥が問題の発生源であり，技術的対応によって事故を防止できると考えられていた。しかしシステムがより複雑になるにつれて，それを操作する人間の能力限界に突き当たるようになり，ヒューマンエラーによる事故が起こるようになってきた。その典型が，1979 年

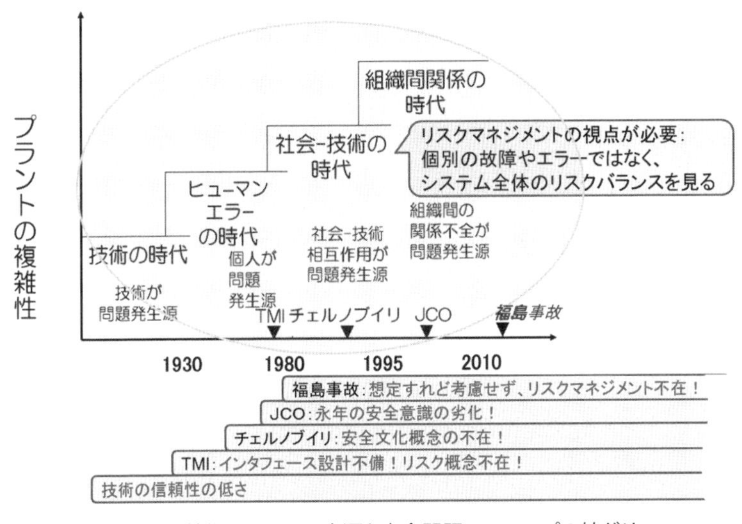

図 1-1　技術システムの変遷と安全問題のスコープの拡がり

のスリーマイル島（TMI）原子力発電所事故である。このため，エラーを犯す個人が問題の発生源と考えられ，適切な選抜と訓練によって要員の能力向上を図り，またインタフェース設計を適切に行うことが，エラー防止に有効と考えられるようになった。

その後，原子力発電所や交通システムなどの巨大複雑システムが構築されたことにより，技術，人間，社会，管理，組織などの多様な要素の複雑な相互関係による事故が発生するようになり，次に問題となったのが社会と技術の相互作用である。さらには，プラントや企業の内部のみでなく，外部の関係者や組織との関係不全が問題の発生源となる事故が目立つようになり，組織間関係も含めた包括的問題解決の枠組みが必要になってきた。事故の形態が，複合要因により発生しその影響が社会的規模に至るいわゆる組織事故が最近の事故の特徴である。このため近年では，IAEA や JEAC4111 などにおいて，MTO（人，技術，組織を総合的に捉える）というシステム全体を見て安全対応するアプローチが重要視されるようになってきた。すなわち，個別のトラブル対応ではなく，リスクマネジメントの視点からシステム全体のリスクバランスを予見的に見ていくことが必要である。

1.2　事故とエラーのモデルの変遷

事故の様相が複雑化するに伴い，事故やその原因であるエラーを説明するモデルも表 1-1 に示すように変遷している[2]。これまでの事故モデルは，故障やエラーの因果関係を分析し対策する「ドミノモデル」である。このモデルにおけるエラー分析には，従来のヒューマンファクターで扱っていた現場の作業で発生する不安全行為の分類である，スリップ（操作誤り），ラプス（記憶誤り），ミステイク（判断誤り）が使われている。規則違反を認識した上で行った行為はバイオレーションと呼ばれ，JCO 事故を含め最近起きた社会的事故を契機として，考慮せざるをえなくなってきた。このモデルは，事故が発生したときに分析に用いる基本となるモデルであり，原因分析の中心となるモデルである。

表 1-1　事故・エラーのモデルと分析方法・対策の関係
（「原子力のリスクと対策の考え方」[2] より）

事故のモデル	エラーのモデル	探索原理、分析方法	解析の目標、対策
基本のモデル：ドミノ（故障の連鎖）	機器故障とヒューマンエラー	原因 - 結果の因果関係	原因と連鎖の排除
スイスチーズ（多様性の喪失）	システムエラー（共通原因故障）	リスク分析 リスク評価	防護とバリアの維持
組織事故（深層防護の誤謬）	組織の安全意識の劣化	行動科学 安全文化チェックリスト	組織文化のモニタと制御（RMによる制御）

最近発生する事故は，深層防護の設計思想が確立されたこともあり，多様なシステムのエラーの重畳が原因となっている。この「スイスチーズモデル」[3] による分析には，従来のエラー分析に加え，組織過誤の分析も必要となる。ここでは，エラー分析も重要だが，全体のリスクバランスを予見的に見て効果的な対策立案をするためにリスク評価手法が広く使われている。

組織事故は，「深層防護の誤謬により安全に対する過信が生じ，組織の内部あるいは組織間における相互依存が累積され，ひいては安全文化の劣化の問題となる」過程として説明できる。これも，元をたどればリスクマネジメント（RM）の欠陥であり，的確に制御することが望まれる。ここで安全文化の評価やその対策には，行動科学などの組織分析に基づく組織管理が必要となってきた。適切な組織管理を継続することにより安全文化の維持・向上が期待できる。

1 つの事故はこの 3 つの事故モデルの特徴を有しており，またドミノモデル的な部分が多いので，かなりの部分は従来の分析手法で対応できる。さらに複雑な関係性がある部分は，FRAM [4] などネットワークモデルの併用などで対応できると考えられている。

1.3 ヒューマンモデルとは（認知，対人，チーム，組織）

次の第2章では，人間行動をより良くするヒューマンパフォーマンス向上活動を説明するが，この活動を有効に推進するためには，多様で複雑な人間特性を把握することが必要である。ヒューマンモデルとは，人間特性の特徴的な点を取り上げてモデル化したものである。ただし，人間は非常に複雑なシステムであるため，全体を説明するモデルは抽象的な概念のモデルとなり，生理／身体的，認知的，社会心理的側面など，特徴的な点に焦点を当てて説明するモデルが中心となる。それにしても不明な点が多く，人間特性の特徴的な点を説明する概念モデルと考えたほうがよい。いずれにしても，人間工学的な生理／身体的特性などは人間工学の書籍や文献で理解してもらうこととし，ここではプラントシステムと相互作用しつつ判断し行動するために必要な人間特性に絞って説明する。具体的には，認知，対人，チーム，組織の特性の特徴的な点を説明する。

因みに，生理／身体的特性とは以下のようなものである。

- 疲労（作業効率，集中力，意欲，知覚機能の低下，など）
- 睡眠（サーカディアンリズム：午前4時ごろ覚醒は最も低くなる，など）
- 加齢（薄明順応，平衡機能，聴力，記憶力，体力回復力の低下，など）
- 体躯（身体のサイズ，動きの速さ，など）

ここでは，専門家の意思決定に直接的な影響がある，以下に例を示すような認知的，社会心理的側面について概説する。

- 認知的特性
  - 認知（見たいように見る，聞きたいように聞く，注意の特性，など）
  - 判断（ヒューリスティックスとバイアス，勝手解釈，など）
  - 記憶（忘却，記憶の変容，部分的な記憶の活性化，など）
- 集団（社会）的な心理特性
  - 対人特性：コミットメントと一貫性，行為の返報性，など

- チーム特性：権威勾配，同調行動，社会的手抜き，集団浅慮，リスキーシフト，など
- 組織特性：取引コスト（めんどくさがり），エージェンシー（情報格差），所有権（わがまま），など

1.3.1　情報処理モデル

まず人間特性の基本となる情報処理（認知）のメカニズムを説明するモデルから紹介する。図 1-2 に人間の情報処理モデル（黒田モデル）[5] を示す。このモデルは，入力処理から内部処理そして出力処理までの一貫したプロセスとそれを行うに必要な記憶媒体について示しており，コンピュータモデルを知る人にはわかりやすい説明となっている。ここのポイントは，入力処理能力の 10^9 bits/sec に対し，内部の情報処理能力は 10^2 bits/sec しかなく，ほとんどの情報は処理されずに捨てられていることである。すなわち，インビジブルゴリラの動画 [6] に示されているように，「人間は見たいものしか見えない」存在である。

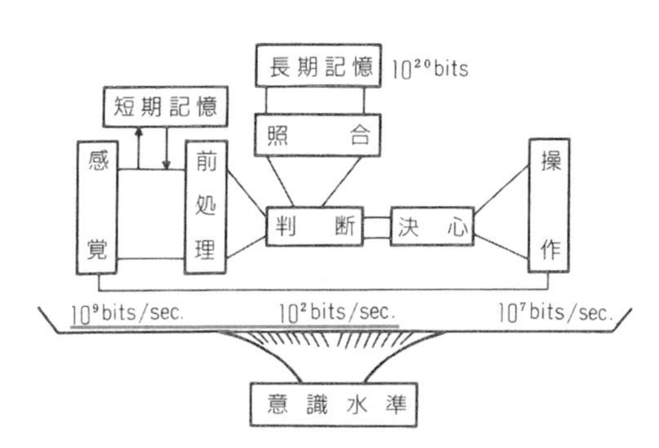

図 1-2　人間の情報処理モデル（黒田モデル）
（『「信じられないミス」はなぜ起こる』[5] より）

次の図 1-3 に示すモデルは，Norman の「行為の 7 段階モデル」[7] に基づく「人間–機械・システム–環境」系の相互作用を示している。このモデルは，人間の 7 つの処理プロセスと機械とのインタフェースを表現して，人間と機械の

間には評価の淵と実行の淵という 2 つのギャップがあることを明示しており，インタフェース設計者に注意を促している。

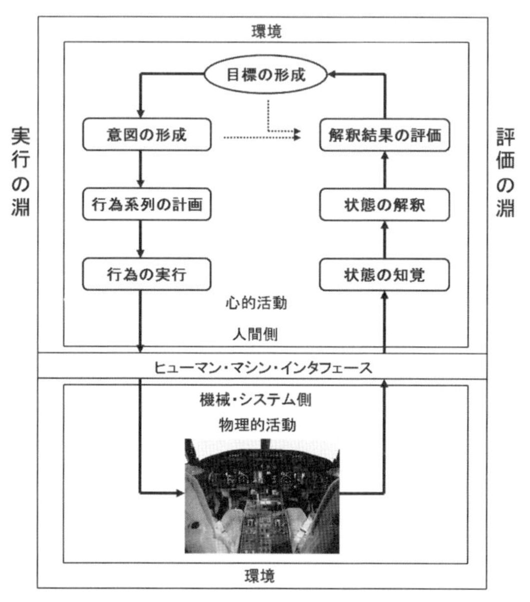

図 1-3　Norman の「行為の 7 段階モデル」に基づく
「人間-機械・システム-環境」系の相互作用
(『誰のためのデザイン？（増補・改訂版）』[7] より)

以下，視覚特性などの特徴的な点を取り上げて説明する。図 1-4 には，視覚特性のなかでも特徴的な錯視の，そのなかでも著名な「回って見える」図を示す [8]。色の濃淡の相違で回って見える（参考文献に示すホームページで確認してほしい）。次の図 1-5 は，まったく同じテーブルであるにもかかわらず角度により異なって見える例である。視覚特性というよりは，視覚情報を人間が持つ遠近感という処理能力で補正するために違って見える例である。次の図 1-6 は，文字の順番が少々狂っていても最初と最後の文字があっていればきちんと読み理解できるという文字認識能力を示している。

図 1-4　錯視「蛇の回転」（「北岡明佳の錯視のページ」[8] より）

図 1-5　視覚特性「シェパード錯視」
（Shepard, R. N. (1981)
Psychophysical complementarity より）

この ぶんしょう は いりぎす の
ケブンッリジ だがいく の
けゅきんう の けっか にげんん は
もじ を にしんき する とき その
さしいょ と さいご の もさじえ
あいてっれば じばんゅん は
めくちちゃゃ でも ちんゃと よめる
という けゅきんう に もづいとて
わざと もじの じんばゅん を
を いかれえて おまりす。

図 1-6　文字認識から言語認識に
（株式会社デジタルドロップ，【ライティングの落とし穴】
一気に信用を失う誤字脱字を防ぐ方法
https://www.digitaldrop.co.jp/blog/contents-creation/
2020/06/16/typo-prevention/ より）

1.3.2　個人特性 ―ヒューリスティックスとバイアス

次は，ダニエル・カーネマン『ファスト&スロー』[9] による，個人特性のなかでも人間の判断に大きな影響を与えるヒューリスティックスとバイアスについて説明する。

その前提となる，心の二重性（システム1とシステム2）の概念がある。すなわち

- システム1＝「ファスト」：デフォルト設定されている直感的な思考システムで，自動的に瞬時に物事を判断する。このシステムを動かすことには努力をほとんど要しない。ただし難解な問題については対応が難しい。
- システム2＝「スロー」：熟考する思考システムで，普段は省エネモードで運転しているが，システム1が困難に遭遇すると働き出す。人間は基本的に怠け者で，このシステムを動かすためには労力を要する。

普段の思考や行動はシステム1が行っていて，判断が難しくなるとシステム2が主導権を奪って意思決定を行う。またシステム1の決定をチェックする機能を持つ。システム1の不確実性の判断において，人はいくつかのヒューリスティックス（システム1）を用い，それにより代表性，利用可能性，アンカリングのバイアスを持つ。この特性は，成功すれば難しい状況で意思決定するための知恵とされ，失敗すればエラーの原因とされる認知メカニズムである。

- 代表性（類似性）ヒューリスティック：以下のバイアスの原因
    - 結果の事前確率無視（連言錯誤，一般的確率情報よりイメージを重視）
    - 事後確率無視（保守主義）
    - 標本サイズ無視（感応度が低い）
    - 偶然性の誤解（ランダム事象の意味）
    - 予測可能性の軽視（証拠や制度を考慮しない）
    - 妥当性の錯覚（代表性で評価）
    - 回帰（因果関係）の誤解
- 利用可能性ヒューリスティック：以下のバイアスの原因
    - 事例の思い出（想起）しやすさ（親近性・顕著性）に起因するバイアス

- 検索し（思いつき）やすさに起因するバイアス
- 想像し（事例の思いつき）やすさに起因するバイアス
- 錯誤相関（連想）に起因するバイアス

- アンカリング（初期値依存）と調整：以下のバイアスの原因
  - 不十分な調整（急ぎの計算など）
  - 連言事象（連鎖構造）・離散事象（じょうご型構造）のバイアス
  - 主観的確率分布の評価のアンカリング（平均値推定から分布を評価）

1.3.3　人間関係特性 一影響力

ロバート・B・チャルディーニ『影響力の武器』[10] によれば，人間は以下に示すような6つの人間関係の脆弱性（six weapons of influence）を持つとされる。これは，詐欺の手口にも利用されている人間特性である。とくに情報セキュリティ対策をとるときはこの特性を考慮した方策を練ることが必要である。

- コミットメントと一貫性：自由意志によりとった行動がその後の行動にある拘束をもたらす
  - ローボールテクニック：最初にある「決定」をさせるが，決定した事柄が実現不可能であることを示し，最初の決定より高度な要求を認めさせる方法
  - ドア・イン・ザ・フェイステクニック：最初に実現不可能な要求を行い対応できない状況で，それに比べて負担の軽い要求をしてそれを実現させる方法
  - フット・イン・ザ・ドアテクニック：最初に誰もが断らないようなごく軽い要求を行い，次により重い要求の承諾を得る方法
- 社会的証明：他人が何を正しいと考えているかによって，自分が正しいかどうかを判断する
- 好意：好意を持っている人から頼まれると，承諾してしまう
- 返報性：親切や贈り物，招待などを受けると，それを与えてくれた人に

対して将来お返しをせずにいられない気持ちになる

- 権威：企業・組織の上司など，権威を持つものの命令に従ってしまう
- 希少性：手に入りにくいものであればあるほど貴重なものに思え，手に入れたくなってしまう

1.3.4 集団特性 ―チーム行動

チーム行動にもさまざまな阻害要因がある。その代表例として以下に示す5つを挙げる[11]。このようなチーム特性を考慮してチーム構成や活動要領を決めることが重要である。

- 権威勾配（ハロー効果）
  - 心理学者ミルグラム（Milgram, S.）：電気ショック実験
  - 命令する人の言いなりになる
- 同調行動
  - アッシュ（Asch, S.E.）：社会的影響過程を明らかにする実験
  - 線分の長さの比較実験
  - 人の判断に合わせてしまう
- 社会的手抜き（フリーライディング）
  - ニューヨークで起こったキティ・ジェノバーズ事件
  - リンゲルマン（Ringelmann）効果：綱引き
  - ラタネ（Latane, B.）ら：「社会的手抜き」と命名
  - 人任せの傾向が出てしまう
- 集団浅慮
  - ジャニス（Janis, I.L.）：ケネディ政権のピッグズ湾侵攻
  - ブッシュ・ジュニア政権のイラク進攻
  - 同じような思考形態の人が集まると，偏った判断となる
- リスキーシフト
  - ワラック（Wallach, M.A.）&コーガン（Kogan, N.）：報酬とリスク実験

- 人が集まるとよりリスキーな判断に陥る

1.3.5　組織特性 ―組織経済学

戸部良一らの『失敗の本質』[12] によれば，太平洋戦争における陸軍や海軍のさまざまな作戦失敗は日本人の非合理性で説明できるとしている。しかし，菊澤研宗『組織は合理的に失敗する』[13] によれば，限定合理性と効用極大化の発現であると指摘している。そして，組織経済学の理論に基づき表 1-2 に示す 3 つの組織特性が存在すると示している。すなわち，取引コストに対する面倒くさがり（埋没コストを嫌がる），エージェンシーと消費者の間の情報格差の問題（レモン市場，中古車市場などと呼ばれる），所有権におけるわがまま（対策が外部コストだと放置する）の 3 種類である。人間の行動もそして組織の行動も，情報制約や時間制約などの多くの制約のなかでそのときの状況（コンテキスト）に応じて合理的に判断し行動する，限定合理性の判断に基づくものであるため，その制約条件を考察し，より合理性の高い判断に導くコンテキストを与える必要がある。

表 1-2　組織特性―組織経済学の 3 つの理論（『組織は合理的に失敗する』[13] より）

	取引コスト理論 （面倒くさがり）	エージェンシー理論 （情報格差）	所有権理論 （わがまま）
分析対象	取引関係	エージェンシー関係 （プリンシパルと エージェンシー）	所有関係
非効率性	機会主義的行動 埋没コスト	モラルハザード アドバースセレクション （レモン市場）	外部性
制度解決	仲間→集権型→分権型組織 取引コスト節約制度	エージェンシーコスト削減 情報の対象化制度	外部性の内部化 所有権配分制度
事例	ガダルカナル白兵突撃 ワンマン経営-社外監視 硫黄島・沖縄戦（良好事例）	インパール作戦 ワークシェアリング	ジャワ軍政 仲間意識と 組織的隠蔽

共通の仮定：限定合理性と効用極大化

1.3.6 リスク認知によるバイアス

藤沢数希は『「反原発」の不都合な真実』[14] のなかで，表 1-3 に示すようなリスク認知によるバイアス（リスクの定量的な判断と個人の感覚との相違）の例を紹介しているが，死亡者が少ない事例では新規性が高いため報道価値が高く大衆はパニックとなり，逆に死亡者が多いとそれに慣れてしまい報道価値は低く大衆は日常茶飯事として無視してしまうことがある。工学システムの設計では，人間のリスク認知によるバイアスを知って設計すべきであると考える。また大衆にはリスクリテラシーが身につくことを期待したい。

表 1-3　リスク認知によるバイアス：原因別死亡者数
（『「反原発」の不都合な真実』[14] より）

対象	死亡者数／年	報道価値	一般の反応
放射能，O157，狂牛病 コロナ初期＊	0 ～ 100 人	高	パニック
HIV，殺人，熱中症 コロナ中期＊	100 人～ 5000 人	中	社会的問題
交通事故，大気汚染，自殺，喫煙 コロナ現状（2022.9.22）＊	5000 人～ 20 万人	低	日常茶飯事

＊氏田追記

1.3.7 人間特性の対策ーアフォーダンスの活用

アフォーダンスという視覚の持つ不思議な概念を『誰のためのデザイン？（増補・改訂版）』[7] から紹介する。図 1-7 は，押すことをアフォードしている扉の例（左）と，引くことをアフォードしている例（右）を示している。我々はドアの扱いについて明示的に教わったことはないにもかかわらず，無意識にドアを扱うことができる。このように，提唱者の Gibson, J.J. は，アフォーダンスの受信は無意識かつ瞬時に行われるとしている。これを利用すれば，即座に誤りなく行動がとれる。逆に，アフォーダンスに反する対象，たとえば引くことをアフォードしている右の図が押さないと開かない扉であれば，大きな違和感がある。この概念を用いてインタフェース設計をしてほしいものである。

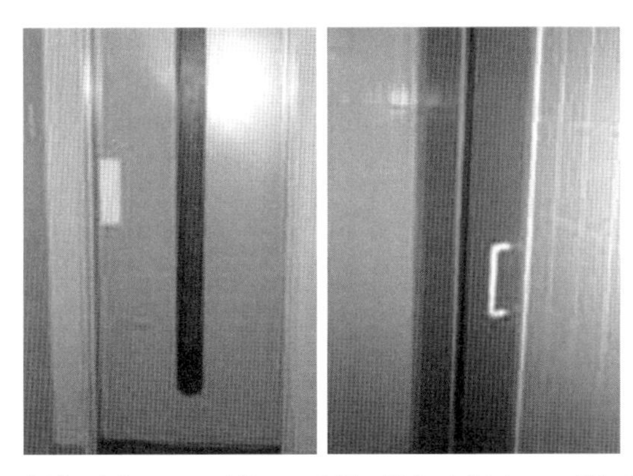

図 1-7　押すことをアフォードしている例，引くことをアフォードしている例
（『誰のためのデザイン？（増補・改訂版）』[7] より）

ここでアフォーダンスの有効性や実用性を示すエコメトリクスと不変項の 2 つの特性を紹介する。まず，エコメトリクス（生態学的測定法）とは，以下のような特性である。人間が使う道具ではこのような知識を反映することが望ましい。

- カエルは，隙間が頭部の 1.3 倍以上で飛び出せると判断
- 猫のひげの幅が，通れる隙間
- 蟷螂は，前肢幅で捕らえられる獲物が手の長さの範囲に来たとき，捕獲動作開始
- 人間は，隙間の幅が肩幅の 1.3 倍以下だと肩を回す必要を感じる
- 人間は，脚だけで登れる高さは，股下の長さの 0.88 倍
- 人間は，くぐるかまたぐかの境は，脚の長さの 1.07 倍
- 人間は，手を使わず座れる椅子の高さは，脚の長さの 0.9 倍

次に不変項であるが，以下のように 2 種類ある。

- 構造不変項：同一性の知覚
    - 蝿か蚊かわかる
    - オスかメスかわかる

  - 特定の人がわかる
  - 目隠しをしても形や硬さがわかる
- 変形不変項：変化の知覚 ―知覚に共通性
  - 歩いているか走っているか
  - 出来事の終了時期がわかる
  - 目隠しをしても力を加えれば割れそうかどうかわかる

1.3.8 人間特性の対策 ―ナッジの活用

人間は気分や感情で不合理な行動をとるが，それを意識せず正しい選択ができるように仕向けることは可能である。それは，「ナッジ（Nudge，英語の意味はヒジで軽く突っつく）」[15] と呼ばれる。人は，誘惑に負けやすく，軽率な行動をとり，また現状維持を好む性質も持つ。「ナッジ」とは，人間が不完全な選択に導かれやすいことを理解したうえで，デフォルト，簡便化，説明性，表示性などの特性を利用して，「正しい行動」をとらせるために生み出されたコンセプトである。図 1-8 はナッジの表示性の例を示す。左は蠅のマークを狙うのでトイレをきれいに使ってもらえる例で，スキポール空港で有名となり，各所で使われるようになっている。ゴミ箱をバスケットボールのゴールにした例もある。

図 1-8
ナッジ（肘でつっつく）の表示性の例
（スキポール空港のトイレ）
（The Urinals of Amsterdam Airport Schiphol
https://www.urinal.net/schiphol/ より）

それ以外で使われる代表的なテクニックには以下のようなものがある。

- デフォルト（初期設定）：取ってほしい選択を最初から設定しておくこと
- フィードバック：特定行動を起こしたらすぐに反応が返ってくる仕組みで自発的に行動を起こすよう誘導する
- インセンティブ：特定行動をとった際にメリットを与えることで，再度その行動を促す
- 選択肢の構造化：複雑な選択肢をわかりやすくすることで，特定の選択肢に導く

表 1-4 にさまざまな機関で使われているナッジの実践例 [16] を示すが，上記の特性をうまく利用していることがわかる。組織やその要員をうまくリードしていくのに有効に活用すべきである。

表 1-4　ナッジの実践例

アプローチ	事例	効果
デフォルト	臓器提供：運転免許証に、デフォルトを拒否から提供に	提供者数の増加
	退職金制度：デフォルトを不加入から加入に変更	加入率の向上、退職後の貯蓄増加
体系化・単純化	各種申請書の質問項目を単純かつ構造的に変更	加入者の増加
説明の明示	タバコのパッケージを不健康さを警告するデザインに	禁煙の促進
	電車の優先席の色調を一般の席より目立たせる	優先席の正規利用者数の増加

参考文献

[1] 柚原直弘／氏田博士『システム安全学』海文堂出版，2015.
[2] キヤノングローバル戦略研究所原子力安全研究会「原子力のリスクと対策の考え方」2016.
[3] ジェームズ・リーズン，塩見弘監訳『組織事故』日科技連出版社，1999.

[4] エリック・ホルナゲル，小松原明哲監訳『社会技術システムの安全分析』海文堂出版，2013.
[5] 黒田勲『「信じられないミス」はなぜ起こる』中央労働災害防止協会，2001.
[6] クリストファー・チャブリス／ダニエル・シモンズ，木村博江訳『錯覚の科学』文藝春秋，2014.
[7] D・A・ノーマン，岡本明／安村通晃／伊賀聡一郎／野島久雄訳『誰のためのデザイン？（増補・改訂版）』新曜社，2015.
[8] 北岡明佳「北岡明佳の錯視のページ」http://www.ritsumei.ac.jp/~akitaoka/
[9] ダニエル・カーネマン，村井章子訳『ファスト&スロー（上，下）』早川書房，2012.
[10] ロバート・B・チャルディーニ，社会行動研究会訳『影響力の武器』誠信書房，1991.
[11] 古田一雄編著『ヒューマンファクター 10 の原則』日科技連出版社，2008.
[12] 戸部良一ほか『失敗の本質』中央公論新社，1991.
[13] 菊澤研宗『組織は合理的に失敗する』日本経済新聞出版，2009.
[14] 藤沢数希『「反原発」の不都合な真実』新潮社，2012.
[15] Thaler, Richard; Sunstein, Cass "Nudge: Improving Decisions about Health, Wealth, and Happiness." Yale University Press, 2008.

第2章

ヒューマンパフォーマンス向上によるリスク低減

2.1 ヒューマンファクターと ヒューマンパフォーマンス向上の考えかた

表 2-1 に，ヒューマンファクター（HF）とヒューマンパフォーマンス向上（HPI）の相違を示す。

人間とは，ある確率で必ずエラーをするが，どのような事態が発生しても創意工夫により対応することができる融通の利く存在でもある。HF とは，人間の特性を理解して環境を整えることにより，人間の持つエラーの特性を抑え良い特性を伸ばす，人間特性を理解し最適化する学問領域である。

他方，HPI とは，米国エネルギー省が発行した「HPI ハンドブック」[1] の考えかたを基本として，リスクマネジメントとの融合を図った概念である [2]。すなわち 1 つには，人間特性を最適化する活動に特化して，人間を取り巻く環境や管理システムを人間特性に合わせて，能力を遺憾なく発揮させることにある。さらに本質的な相違としては，システム全体から事前にリスクを見つけ，優先順位に基づき合理的にリスク低減対策，対策の弊害（新たなリスクの発生）への考慮を実施することである。すなわち，リスクマネジメントの発想に基づく活動である。

現場の対応のためには，人間の持つ状況（コンテキスト）に応じて柔軟に対応する認知特性（アフォーダンスやナッジなど）を引き出すヒューマンパフォーマンス向上（HPI）ツールが多数用意されており，個別対応（例：エラーに関連する手順書に対策を記述する）でなく現場に共通な行動特性に適合するツールを利用することにより実効性の高い対策をとることができる。

表 2-1　ヒューマンファクター（HF）とヒューマンパフォーマンス向上（HPI）の相違
（氏田博士／倉林正治／前田典幸「リスクマネジメントにおけるヒューマンパフォーマンス向上」研修（その 1 ～ 3），日本人間工学会第 63 回年会，2022. より）

HPI	
従来のHFの視点の傾向	□ 視点の追加
➢ 個別の事象の再発防止対策により個別エラーの低減	□ リスクマネジメントの一環 ➢ システム全体から事前にリスクを見つけ、優先順位に基づき合理的にリスク低減する（全体最適＊の発想） ＊「部分最適は全体最悪を生む」 ➢ 対策の弊害（新たなリスクの発生）への考慮
➢ 人間の持つ（特に現場の個人の）エラーの特性を抑える ➢ 人間の生理・心理的特性に基づいて対策を評価する	□ 人間の能力を生かす ➢ 人間を取り巻く環境を含むシステムを、人間特性に合わせて、能力を遺憾なく発揮させる ➢ 人間の持つ状況に応じた的確な判断能力（認知特性）を引き出す

2.2　ヒューマンパフォーマンス向上活動

リスク低減の手法としては，大きく分けて，過去に起こったエラーを分析してフィードバックする原因分析と，将来のリスクを予測するリスク分析（確率論的リスク評価，人間信頼性評価，リスクマトリックスなど）とその対処がある [2]。ここではまず，HPI 活動によるリスク低減の手順とその特徴を以下に示す（図 2-1）。まず計画段階でリスク分析と対処を実施する（2.3 節参照）。そこでは，予測されたリスクに対する，ハザードの排除や代替，あるいはバリア機能によるリスク低減を実施する。次に，実行時には現場の状況に応じてリスク低減対策が必要となる。そこでは，組織，リーダー，個人の HPI ツール（2.4 節に一覧を示す）の活用を推奨する。事前に十分な分析と対処をしたとしても，インシデントやアクシデントはある確率で発生する。この発生した問題に対し，徹底的に根本原因を分析し，再発防止対策を打ち，システム改善にフィードバックすることがリスク低減のために必要である（2.5 節参照）。なお，代表的な原因分析手法を 2.6 節で概説する。

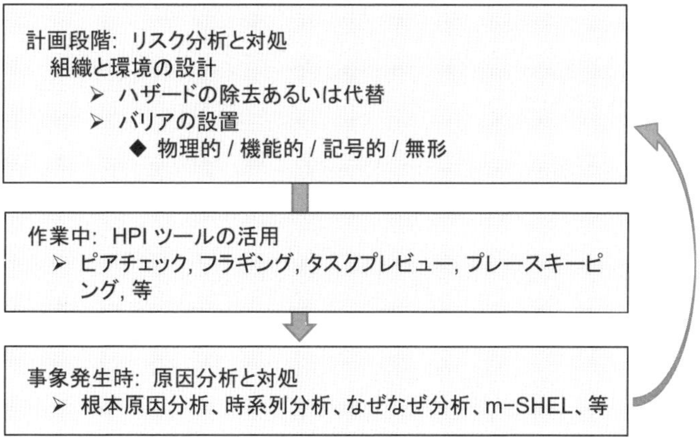

計画段階: リスク分析と対処
組織と環境の設計
➢ ハザードの除去あるいは代替
➢ バリアの設置
◆ 物理的 / 機能的 / 記号的 / 無形

作業中: HPI ツールの活用
➢ ピアチェック, フラギング, タスクプレビュー, プレースキーピング, 等

事象発生時: 原因分析と対処
➢ 根本原因分析、時系列分析、なぜなぜ分析、m-SHEL、等

図 2-1　HPI 活動によるリスク低減
（氏田博士／倉林正治／前田典幸「リスクマネジメントにおけるヒューマンパフォーマンス向上」研修（その 1 ～ 3），日本人間工学会第 63 回年会，2022. より）

2.3　ヒューマンファクターを考慮したリスク低減の方策 ―リスク分析

ここではまず，リスク低減のためのリスク分析方法の特徴を以下に示す。

- リスクを安全性の尺度として用いることによって，対象システムの安全性を確率として定量的に，そしてより具体的に検討できる
- リスクは，対象システムの安全性の改善目標の決定や技術システムの選択においても重要な役割を果たす
- 技術システムの安全性をどこまで改善する必要があるかは，リスク解析の結果と安全目標の比較により定まる
- さらなる安全性の向上を必要とするかどうかは，コストベネフィット解析によって判断され，さまざまな代替案のなかから最適改善案の選択はリスクの改善度合いとそれに要するコストとのトレードオフに基づき決定できる
- ある技術システムが社会に受け入れられるか否かは，技術システムが持つリスクとベネフィットとのトレードオフに係る

表 2-2　バリアシステムによる対策一覧

物理的バリアシステムのためのバリアの機能

バリアの機能	例
封じ込めまたは防護 現在地からの輸送（たとえば放出）あるいは現在地への輸送（進入）	壁，扉，建物，物理的接近の制限，ガードレール，フェンス，フィルター，コンテナ，タンク，弁，整流器など
質量あるいはエネルギーの移動や輸送の抑制または防止	安全ベルト，ハーネス，フェンス，檻，物理的移動の制限（大きな隔たり，隙間）など
一緒に保管すること，凝集性，弾性，不滅性	簡単に壊れたり折れたりしない構成部品（たとえば安全ガラス）
分離，防護，遮断	衝撃吸収帯，洗浄機，フィルターなど

機能的バリアシステムのためのバリアの機能

バリアの機能	例
移動や行為の防止（機械的，ハード）	錠，機器配置，物理的インターロック，装置の適合
移動や行為の防止（論理的，ソフト）	パスワード，入力番号（entry code），行為の順序，事前条件，生理学的一致（虹彩，指紋，アルコール度）など
行為の妨害や遅延（時空間的）	距離（1人の人間では届かないくらい遠い），持続（デッドマンボタン），遅延，同期化など
鈍化，軽減	能動的騒音低減，アクティブサスペンション
エネルギーの消散，消火（quenching, extinguishing）	エアバッグ，スプリンクラーなど

記号的バリアシステムのためのバリアの機能

バリアの機能	例
対抗，行為の妨害と阻止（視覚的，触覚的なインターフェイスの設計）	機能の符号化（色，形，空間配置），境界，標示と警告（静的）など 正しい行為を促進することは誤った行為を阻止するのと同じくらい効果的かもしれない
行為の調整	指示，手続き，予防措置／条件，ダイアログなど
システムの状態や条件の表示（標示や信号，記号）	標識（たとえば交通標識），信号（視覚的，聴覚的），警告，警報など
許可あるいは承認（あるいはその欠如）	作業許可，作業指示
情報伝達，個人間の従属関係	認可などの欠如がバリアであるという意味で，認可，承認（オンラインまたはオフライン）

無形のバリアシステムのためのバリアの機能

バリアの機能	例
順守，適合	自主規制，倫理的規範，道徳，社会的あるいは集団圧力
規定（規則，法律，指針，禁止）	規則，制限，法律（条件付き，無条件のどちらもすべて）など

リスク評価のために，イベントツリー解析や原因分析にも使われるフォールトツリー分析などが巨大複雑システムではよく使われる。一般産業における半定量分析には，リスクマネジメントでは必須の手法であるリスクマトリックス（リスクマップ）が広く使われている[3]。起因となる事象の洗い出しには，FMEAや化学プラントで使われるHAZOPなどがある。

リスク評価の結果として対策が必要となれば，まずリスクが高い対象のハザード自体の排除や代替を検討する。それが可能な対策ではないときは，Hollnagelが提唱した表2-2のようなバリアの概念により，影響を緩和するあるいは発生頻度を低減する制御策を考える[4]。バリアの有効性や実効性をバリアシステムの質として評価した結果を表2-3に示す。単純に言えば，物理的バリア（工学的制御策）を優先することになる。しかし，長期的には，無形バリア（組織文化への制御策）も有効である。いずれにしてもこの表を参考に，コストも考慮して最適なリスク低減策を立案するべきである。

表2-3　バリアシステムの質として評価

	物理的	機能的	記号的	無形
効率性	高	高	中	低
資源要件（コスト）	中～高	低～中	低～中	低
頑健性（信頼性）	中～高	中～高	低～中	低
導入の遅れ	長	中～長	中	短
安全上重要なタスクへの適応	低	中	低 （不確定な解釈）	低
利用可能性	高	低～高	高	不確実
評価	容易	困難	困難	困難
人間への依存（動作中）	なし	低	高	高

2.4　HPIツール

HPIにおけるリスク低減の基本は，設計時，計画時にリスクを予測し低減を図ることであり，設計・設定したバリアを計画どおりに機能させることである。

しかし，すべてのリスクを事前に潰しきれるものではなく，状況変化によって新たなリスクが生じることも常である。そのため，実行時に，HPI ツールを用いて，残ったリスクや新たに発生したリスクを低減する。その背景には，計画外（予想外）の状態／条件に対応できるのは人間であるという認識がある。すなわち，実際には計画は完全ではなく状況もつねに変化するので，「業務の開始前，再開前，実施時，完了時」に，HPI ツールを用いて当該業務や業務環境のなかに潜むリスクを検知し是正する必要が生じる。もう 1 つの特徴は，人間の特性（ヒューマンファクター）を理解して，その特性が好ましくない結果につながらないよう，事前確認や事後確認などの HPI ツールをうまく活用する。

DOE の「HPI ハンドブック」[1] に基づき，プラントにおける作業の実行時

表 2-4　HPI ツール一覧
（DOE の「HPI ハンドブック」を改変）

管理者用 HPIツール	作業チーム用HPIツール	作業者用 HPIツール
4.1 ベンチマーキング	5.1 事前打ち合わせ	6.1 タスクプレビュー
4.2 オブザベーション（observasion 現場観察）	5.2 技術タスク事前打ち合わせ	6.2 現場レビュー（2分間ドリル）
4.3 セルフアセスメント	5.3.1 ピアチェック（Peer Checking）	6.3 問いかける姿勢 －業務活動レベル－
4.4 パフォーマンス指標	5.3.2 同時並列検証（Concurrent Verification）	6.4 問いかける姿勢 －業務計画策定と準備－
4.5 独立したオーバーサイト	5.3.3 独立検証（Independent Verification）	6.5 不確かな場合の中断
4.6 業務成果に関するレビュー	5.3.4 ピアレビュー（Peer Review）	6.6 セルフチェック
4.7 ヒューマンエラーによって引き起こされる事象調査	5.4 フラギング	6.7 手順書の使用と遵守
4.8 運転経験	5.5 交代時引継	6.8 想定の妥当性確認
4.9 変更管理	5.6 作業後評価（現場）	6.9 署名
4.10 ミスやニアミスの報告	5.7 技術タスク作業後評価	6.10.1 3wayコミュニケーション
4.11.1 組織の安全風土アセスメント調査	5.8 プロジェクトの計画立案	6.10.2 フォネティックコード
4.11.2 ヒューマンパフォーマンスギャップ分析ツール	5.9 問題解決（PACTS）	6.11 Placekeeping（作業を確実に行うためのチェック印）
4.11.3 現場の状態についてのセルフアセスメントアンケート	5.10 意思決定	6.12「重大業務従事中」のサイン（5.4フラギングに同じ）
	5.11 プロジェクトレビューミーティング	
	5.12 ベンダーに対するオーバーサイト	

に使われる HPI ツールを組織（管理者）用，作業チーム（リーダー）用，個人（作業者）用に分けて表 2-4 に示す[2]。実行時とは，業務の開始前，再開前，実施時，完了時をいう。薄いアミは，現状は「マネジメントシステム（仕組み)」として運用されているため，本書ではツールとは呼称しない。しかし管理者は，リスクマネジメントの一環としてツールを活用して恒常的にリスク低減に努めるべきである。また，白地の作業者の「問いかける姿勢」と「不確かな場合の中断」は，姿勢・態度の問題であり，ツールとしては扱わないこととした。このため，濃いアミの項目のみを本書では HPI ツールとみなす。このツールの使用される時期を整理して，表 2-5 に示す。すなわち，①行為の開始前に，計画時と実行時における齟齬（リスク）を見つけて対策をとる，②行為の開始後に，ミスを見つけて対応する，③実行時の問題を集めて計画にフィードバックするの 3 つの時期に応じたツールがあり，適宜・適切に活用できる。

表 2-5　HPI ツールの使用される時期

（DOE の「HPI ハンドブック」を改変）

<table>
<tr><th>開始前・再開時</th><th>実施時</th><th>完了時</th></tr>
<tr><td>a. 事前打ち合わせ</td><td></td><td></td></tr>
<tr><td>b. タスクプレビュー</td><td></td><td>o. 作業後評価(現場)</td></tr>
<tr><td>c. 現場レビュー(2分間ドリル)</td><td></td><td></td></tr>
<tr><td colspan="3">d. 手順書の使用と遵守</td></tr>
<tr><td colspan="3">e. セルフチェック</td></tr>
<tr><td></td><td>f. ピアチェック</td><td></td></tr>
<tr><td></td><td>g. 同時並列検証</td><td></td></tr>
<tr><td></td><td colspan="2">h. 独立検証</td></tr>
<tr><td></td><td>i. フラギング</td><td></td></tr>
<tr><td></td><td colspan="2">j.「重大業務従事中」のサイン</td></tr>
<tr><td></td><td colspan="2">k. Place-keeping</td></tr>
<tr><td></td><td colspan="2">l. 3wayコミュニケーション</td></tr>
<tr><td></td><td colspan="2">m. フォネティックコード</td></tr>
<tr><td></td><td>n. 交代時引継</td><td></td></tr>
</table>

2.5 ヒューマンファクターを考慮した リスク低減の方策 ―原因分析

3つのステップの最後に，原因分析について記述する。原因分析の目的はシステムの脆弱性を見つけることであるので，トラブルがどのような原因（背後要因）で発生したかを分析し，どこを改善していくかを見つけ，対策を実施する必要がある。因みに，根本原因分析（Root Cause Analysis : RCA）は，原因分析の詳細分析手法の1つの位置付けである。背後要因とは，トラブルが発生した直接の原因（ヒューマンエラーなど）を誘発した以下のようなシステムの脆弱性である。

- ハードの防御機能の欠陥
- 不適切なマネジメント
- ミスを誘発しやすい作業環境　etc.

このためには，「人」がどのような性質を持ち，どのような思考をするか（ヒューマンファクター）を考慮しなければ，トラブルを防止できない。ヒューマンファクターの分析の視点を与えるモデルとして，m-SHEL（マネジメント，ソフトウェア，ハードウェア，環境，本人，周りの人）モデルがある（図2-2）。このモデルは，分析手法として2.6節でも取り上げるが，人間と人間を取り巻く環境要因を説明したもので，分析者が抜け落ちのない分析と整合性のとれた対策立案をするための分析ガイドとして有効である。4M（マン，マシン，メディア，マネジメント）モデルも基本的には同じ考えかたのものであり，これらのガイドワードに沿って分析することにより，原因や対策が思いつきやすくなるとともに網羅性を高めることができる。

原因分析の基本的な流れを以下に示す。①～⑦のステップのうち，分析の中心は②～⑤である。多くの分析手法が存在するが，原子力分野では，より詳細な分析手法である根本原因分析としてSAFER（東京電力ホールディングス），HINT/JHPES（電力中央研究所），ATOP（原子力安全システム研究所）の3手法が広く利用されている（2.6節で紹介する）。

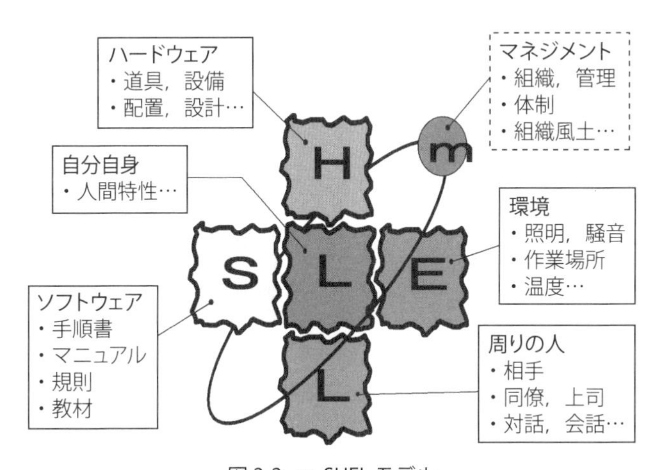

図 2-2　m-SHEL モデル
（東京電力ヒューマンファクタ研究室
https://www.tepco.co.jp/technology/research/resilience/safer.html より）

① 原因分析の必要性とレベルの判断
- 何のための分析か？
- 原因分析の必要性とレベルの判断
- リスクマトリックスによる判断，水平展開の必要性の評価
- 時系列のみ，なぜなぜ分析のみ，簡易，詳細の選択
- 累積原因分析（共通要因分析）
- 分析チームの要員構成の決定

② 事象の把握 —文書，インタビューなど

③ 事象の整理 —時系列分析

④ 因果関係の整理 —なぜなぜ分析
- 分析ガイド（例：m-SHEL）の利用により抜け落ちのない整合性のある分析

⑤ 因果関係の完成と根本原因の推定

⑥ 対策の立案と実効性評価
- 「しつけ」より「しかけ」や「しくみ」で（人間に対する対策よりも，システムやマネジメントで抜本的な対策を打つ）

- MTO（人・技術・組織）のすべてを統一的に考慮
- 分析ガイド（例：m-SHEL）の利用により，抜け落ちのない分析と整合性のある対策立案
- 日本の特徴である元請け–下請けの多層化組織で有効な対策か？ の視点が必要

⑦ 残留リスクの受け入れと明記

確かに分析手法を使いこなすことは大切だが，①の「何のための分析か？」を吟味することがより重要となる。これにより分析の詳細度やどのような分析手法を使うかが決まるからである。分析チームの要員構成の際は，たとえば安全統括リーダーの下に，安全解析，信頼性評価，リスク評価，人間工学，品質保証，機械・電気，運転・保守のようにさまざまな専門性を持つ専門家を集めることが肝要である。また分析で終わりではなく，⑥の「対策の立案」が最も重要である。それは，原因分析の目的は（コストも考慮したうえで）実効的で汎用的な対策をとるために行うものだからである。そして最後に，いかに対策しても残るリスクがあるので，それを明記することにより今後のリスクマネジメントに役立てる。

2.6　原因分析手法と根本原因分析手法

ここでは，原因分析手法（7 種類）と対策立案の考えかたとその方法，さらに詳細分析のツールである根本原因分析手法（3 種類）について説明する [2]。原因分析手法とは，基本的には表 1-1 に示すドミノモデルに基づいている。システムとして分析するときには，リスク分析手法を用いる。また組織の課題（安全文化）を分析するときには，行動科学などの手法が用いられることになる。

2.6.1　原因分析手法

原因分析手法，すなわち発生した事象の分析手法は道具，手段にすぎず，その使いかたも重要だが，対象事象・調査目的に応じた適用のしかたのほうが大

事である。それは本来の目的が，原因分析して教訓を得る，あるいは対策を立案し実施してリスク低減を図ることであるから，事象の大きさ，根深さなどに即した分析手法の選択が重要である。

ドミノ型（原因–結果の因果関係）の分析手法は多数存在するが，ここでは以下に示す 7 種類の代表的な手法の概要を紹介する。いくつかの手法では想定する事例として，筆者らが実際に分析した「高圧電源車充電ケーブル切断」を取り上げて説明する。充電所や給油所などにおいてよく見られる典型的な事例である。分析の基本となる考えかたは時系列性，因果性，影響関係性である。このうち，(1) と (2) は時系列で事象を整理し理解するためのもので，分析の基本として最初に，また必ず実施すべきことである。(3) ～ (5) は因果関係を整理するものであり，(6) と (7) でさまざまなガイドワードを活用して網羅的に詳細分析するものである。

（1）時系列分析
（2）VTA（Variation Tree Analysis）
（3）連関図分析（なぜなぜ分析）
（4）特性要因図
（5）FTA（Fault Tree Analysis）
（6）4M5E 分析
（7）m-SHEL 分析

(1) 時系列分析

時系列分析あるいは event chain analysis（事象の連鎖分析）は，原因分析の第 1 ステップとして実施すべき項目であり，とくに事故に至る経過（時間経過）が長いときに対策を打つべきイベント（事象）を同定していくのに有効である。図 2-3 では時間経過を上から下へとっているが，事象概要の理解には上から下への流れのほうが素直であろう。

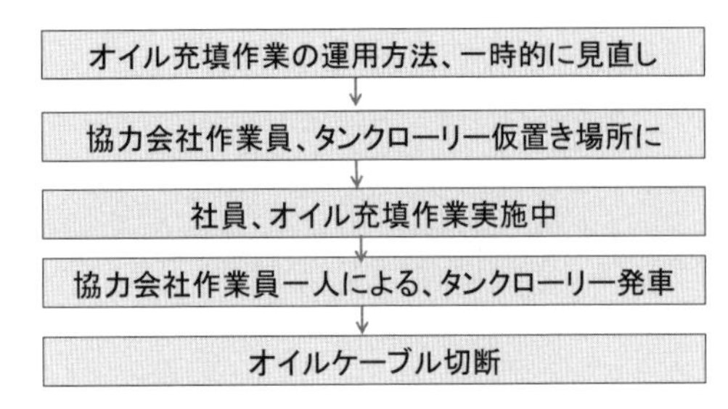

図 2-3　時系列分析（event chain：事象の連鎖分析）
「タンクローリーオイルケーブル切断」の例

（2）VTA（Variation Tree Analysis）

VTA の例を図 2-4 に示すが，複数の要員（アクター）が関わるときにはこの手法が有効である。チーム作業でのコミュニケーションや関係性を表現するのに合っている。この図では時間経過を下から上へとっており，因果性の理解には有効であるが，時系列としては上から下への流れのほうが素直であろう。

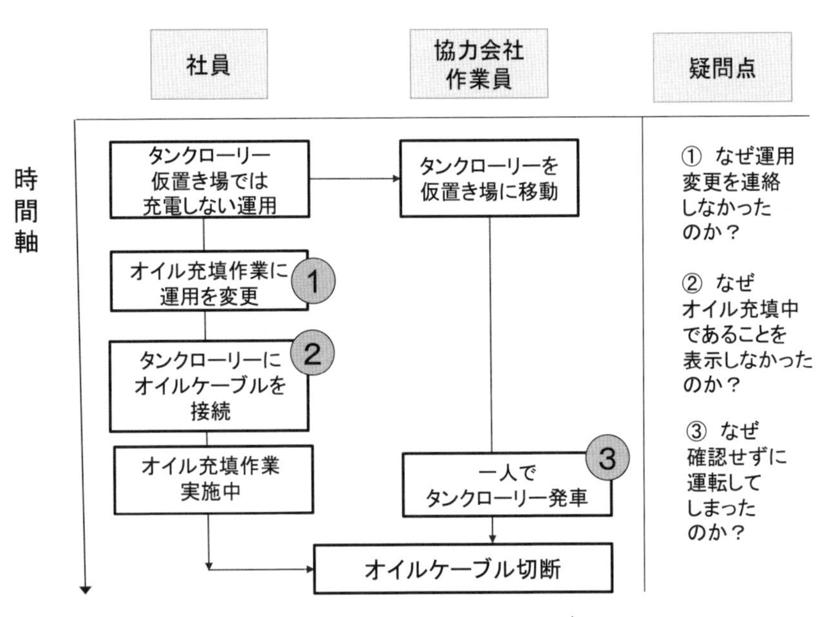

図 2-4　VTA（variation tree analysis）
「タンクローリーオイルケーブル切断」の例

(3) 連関図分析（なぜなぜ分析）

連関図分析は，なぜなぜ分析とも呼ばれ，原因分析のなかでも多用されている手法である。5Why などもその 1 つである。事故に関わる要因の複雑に絡み

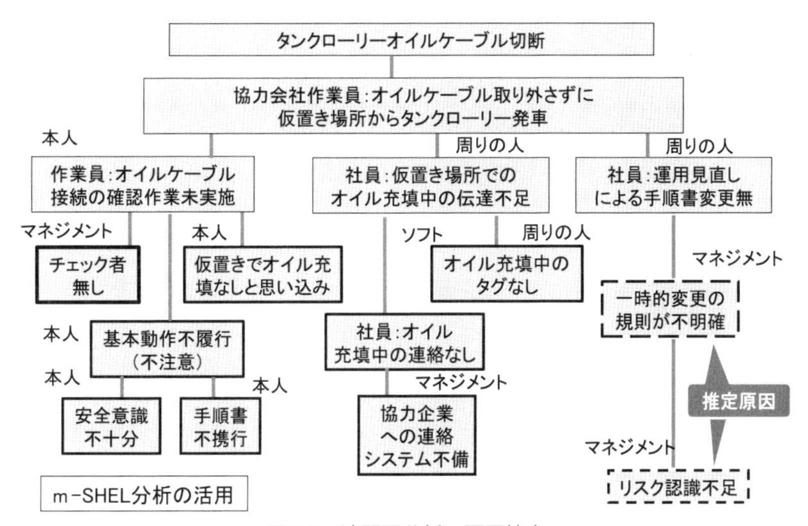

図 2-5　連関図分析—要因摘出
「タンクローリーオイルケーブル切断」の例

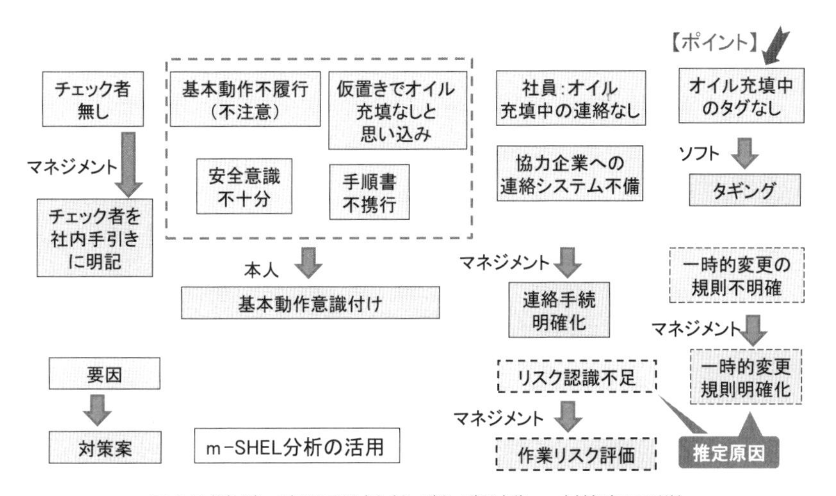

図 2-5（続き）　連関図分析（なぜなぜ分析）—対策案の列挙
「タンクローリーオイルケーブル切断」の例

合った因果関係を探るのに適しており，図 2-5 では時間経過も因果関係も共に基本的に下から上へとっている。なお，この分析例では要因分析の網羅性を高めるために，7 番目の m-SHEL 分析の用語をガイドワードとして活用した。

さらに，図 2-5（続き）として，連関図分析（なぜなぜ分析）に対策案の列挙まで実施した例を示す。網羅的に対策を列挙したため個人の対策も出てきており，それはもちろん実施すべきことではあるが，抜本対策を考えればマネジメントレベルの対策が必須である。

（4）特性要因図

図 2-6 に示す特性要因図は，フィッシュボーン（魚の骨）分析とも呼ばれ，要因を系統的かつ階層的に示すことができるため，現場の原因，要因，要素などの全体を鳥瞰するのに有効である。なお，この分析例では 6 番目に示す 4M5E 分析のうち 4M の用語をガイドワードとして活用した。

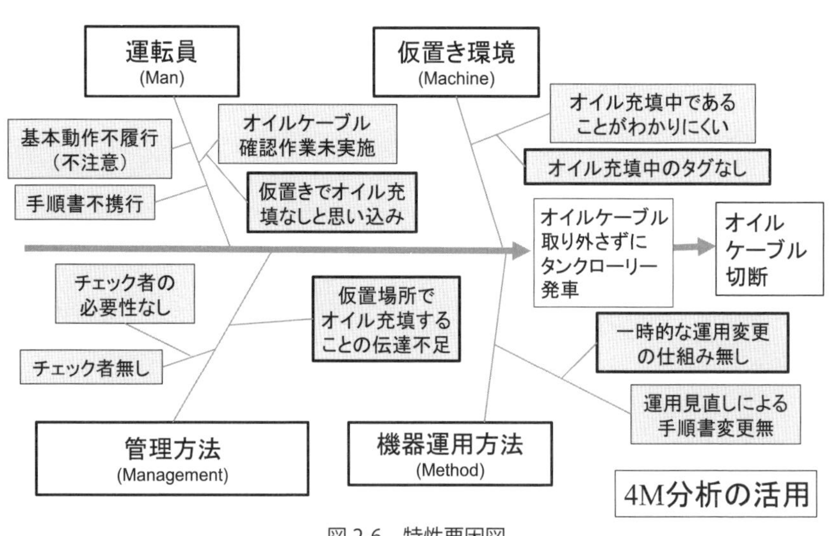

図 2-6　特性要因図
「タンクローリーオイルケーブル切断」の例

(5) FTA (Fault Tree Analysis)

図 2-7 の FTA が製品の分析例を示すように，どちらかというと設計で事前に脆弱性を見つけるトップダウン型の手法であるが，実際の運用におけるエラーの摘出にも使える手法である。まず，好ましくない事象を初めに仮定し，それについて考えられる故障・事故に至った道筋を，発生確率とともに（定量的な解析が必要ない場合は省く場合が多い)，FT 図で表し分析する。FTA では，製品の上位の故障・事故から下位の原因へとトップダウン的に展開していく。装置の故障の発生確率は，FT 図に示されたいろいろな故障の原因事象を，ブール代数を用いて重複をなくすことにより理論的にかつ正確に算出することができる。

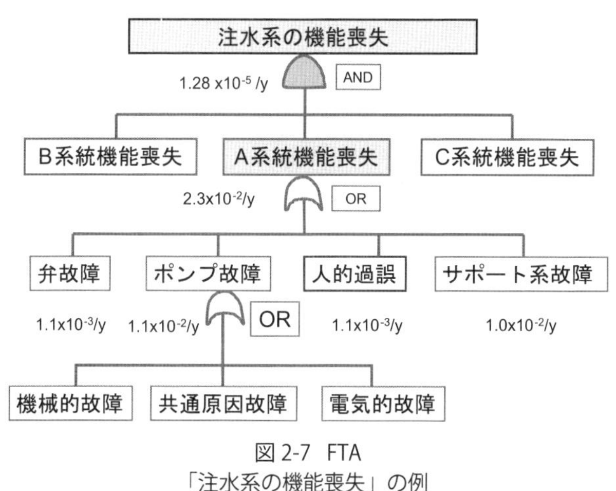

図 2-7　FTA
「注水系の機能喪失」の例

(6) 4M5E 分析

表 2-6 のように，原因を 4 種類（4M）とその対策を 5 種類（5E）のマトリックスのなかで事象の原因分析から対策立案まで実施できる方式である。4M に分けて問題を抜け落ちなく分析し，対策を 5E としてまとめることで対策を導きやすくし，4M と 5E のガイドワードがあるので，分析の視点が偏りにくく，バランスの良い分析が可能である。ただ一方では，ガイドワードの枠組みにとらわれすぎること，自由な発想が出にくくなること，またガイドワード間の要因や対策が抽出しにくくなることもあるので注意が必要である。次に示す

m-SHEL 分析も同様に，事象の課題を分類して評価することにより分析の網羅性を高める努力といえる。

表 2-6　4M-5E 分析
「タンクローリーオイルケーブル切断」の例

4M 5E	人間要因 Man	機械要因 Machine	方法要因 Method	管理要因 Management
問題点	思い込みと 不注意	オイル充填中の タグ無し	一時運用の プロセス無し 仮置きの 伝達無し	チェック者無し
教育 Education	注意			
技術 Engineering		タギング		
強化 Enforcement	基本動作の 意識づけ		一時運用規則の 徹底	
環境 Environment				チェック者を 手順書に明記
事例 Example		タギングの必要 な事例を検討	一時運用規則 策定	

(7) m-SHEL 分析

すでに図 2-2 に示したが，マネジメント m と本人 L 以外は，本人との関係性で議論するため，L–H，L–S，L–E，L–L として分析する。対策立案も同じ分類を利用できる。表 2-7 には，簡易に分析するために作成した分析表の例を示す。

表 2-7　m-SHEL 分析（簡易版）
「タンクローリーオイルケーブル切断」の例

	m	L-H	L-S	L-E	L-L	L
要因	チェック者 無し	—	タグ無し	一時運用 規則無し	連絡無し	思い込み
対策	チェック リスト作成	—	タギング	運用規則 策定	連絡方法 の手続き 明確化	基本動作 徹底

2.6.2　対策立案の考えかたとその方法

対策立案の考えかたとその方法は，確立した方式はないが，さまざまな考えかたが示されている。ここではそのときの心構えを指摘する。なお対策立案の方法の例としては，図 2-5（続き）に，m-SHEL 分析を活用した例を示してある。

対策により新たな弊害が生じないかを必ず考える（格言：リスク対策は新たなリスクを生む)。その対策を採用したらどうなるか？ を考える。たとえば，現場を苦しめる対策（がんじがらめのマニュアル強化）やワークロードが上がる対策（いずれ手抜きされる）となっていないかなどである。さらに採用にあたっては，対策の実行可能性を評価して，具体的に実施可能なレベルで対策を得る。たとえば,「滑って転んだ→注意せよ」では対策とは言えない。注意するとは何を具体的にどうするか？ を示すことが必要である。理想を語らない，その逆に苦しまぎれに自分で自分の首を絞める対策を提案しない。

以下のようなチェックリストが有効であろう。

- その対策は実行が可能か
- その対策は容易に行えるか，具体的に行えるものか
- その対策を実施した場合，効果があるのか
- その対策は費用対効果としてコストは容認できるか
- その対策は継続して行えるか
- その対策は他の業務を圧迫しないか
- その対策は本当に根本原因に対する対策になっているか

対策立案のガイドの例としては，原因分析で紹介した 4M5E の表にある 5E を展開した対策リストがある。以下に示すリストをガイドとして対策を立案する。

- Education（教育・訓練）
  - 業務を安全に実施するための教育や訓練によって対策する
  - 知識・意識・技術の教育・訓練

- Engineering（技術・工学）
    - ○ 安全性を向上させるための機器や設備の対策をする
- Enforcement（強化・徹底）
    - ○ 業務の確実な実施を強化・徹底する
    - ○ 標準化・マニュアル化の強化や徹底
    - ○ KYT トレーニング（危険予知訓練）
- Environment（環境・背景）
    - ○ 物理的な作業環境を改善する
    - ○ 作業場の照度や温度，整理整頓，5S 活動
- Example（模範・事例）
    - ○ 業務の模範を示し，具体的な事例を提示する
    - ○ 成功事例や模範的行動を示し，周知する

対策評価の 1 つの考えかたとして，Hollnagel が提唱しているバリアの概念が参考となる。すでに表 2-3 にバリアシステムの質の評価を示してあるが，基本的には，物理的バリア（工学的施策）を優先すべきである。無形バリアは，即効性がないために優先度は低いが，長期的な対策としては有効であり，事前対策として検討しておくべきである。機能的バリアや記号的バリアはその中間的な評価となっている。

2.6.3　根本原因分析手法

根本原因分析手法は，基本手法や分析の基本的な考えかたが組み合わされて，分析から対策立案までがパッケージになっているものである。原子力事業者で採用されている RCA 手法には，表 2-8 に示す，HINT/J-HPES，SAFER，ATOP の 3 種類がある。基本的に，事例分析となぜなぜ分析を手法の中核に置いている点は共通である。しかし，知識・ノウハウの必要性や柔軟性から見るとそれぞれ手法の特徴があり，分析の目的や分析者のレベルに応じて採用することができる。

表 2-8　根本原因分析（RCA）の 3 手法
（品質保証研究会「品質保証研究会 20 年誌」2011.4 より）

手法	方式	特徴
HINT/ J-HPES	【ガイダンス方式】と 【なぜなぜ分析】の併用 ・背後要因の視点一覧表を活用 4M モデル？	・トラブル発生のきっかけとなった分析対象行為を起点になぜなぜ分析を行い，背後要因を追究する。 ・背後要因の筋道だった深掘りを支援するため，HF の視点と業務の進めかたの視点を併せ持った，「背後要因の視点一覧表」が与えられている。
SAFER	【なぜなぜ分析】 ・関係者の自由討論 m-SHEL モデル	・なぜなぜ分析を行い，背後要因を追究する。背後要因を抽出する観点として，m-SHELモデルや各種ノウハウを用意。 ・ガイダンスや様式を厳格に定めておらず，自由度が高い（HE，設備トラブルなど分析対象を問わず柔軟な分析が可能）。 ・適切な分析には HF の基本的な考えかたの知識が必要。
ATOP	【ガイダンス方式】と 【なぜなぜ分析】の併用 ・与えられた原因候補を確認し分析 4M モデル	・トラブル発生のきっかけとなった行為を起点になぜなぜ分析を行う。この手法は 2 つの様式からなり，直接の行為から遠ざかる要因ほど，原因と結果のリンクは厳密に考えず，複雑な条件の重なり合いを考えて分析する。1 枚目の様式はリファレンスとして網羅的な直接要因リストが与えられ，これで抽出した要因を 2 枚目の様式で組織要因まで分析する。 ・このことで，分析の網羅性，直接の要因と組織の要因の区別が様式で担保される。

《手法の特徴》	低 ←→ 高	
知識・ノウハウの必要性	HINT	SAFER／ATOP
柔軟性	HINT／ATOP	SAFER

参考文献

[1] USDOE, Human Performance Improvement Handbook, Volume 1&2, DOE-HDBK-1028-2009.

[2] 氏田博士／倉林正治／前田典幸「リスクマネジメントにおけるヒューマンパフォーマンス向上」研修（その 1～3），日本人間工学会 第 63 回年会，2022.

[3] 経済産業省「リスクアセスメント・ハンドブック【実務編】」2011.

[4] エリック・ホルナゲル，小松原明哲監訳『社会技術システムの安全分析』海文堂出版，2013.

第3章

「システムの安全」の考えかた

3.1 「システムの安全」とは

システムにもさまざまなものがあるが，ここでは技術システムについて議論する。まず，「システムの安全」の概念を説明する[1]。安全というものを考えるときには，バランスが問題になる。実は，バランスを良くするということが結構難しく，安全の専門家はおおよそ確定論的（deterministic）に「ガチガチにきちんと設計（保守的な設計基準事故と単一故障基準の組み合わせ）したのだから十分に安全である」といった感じの判断で安全設計をする。しかし本来は，確率論的（probabilistic）にリスク解析結果に基づきリスクのバランスを見て，確定論的な設計を見直していくプロセスの存在がいちばん大事である。失敗学の畑村洋太郎氏は，「部分最適が全体最悪をもたらす」とよく言っている。であるからシステムの安全に必要なことは，過不足のないバランスのとれたシステムの設計（ハード・ソフトなどの設備）と管理側の運用（人間の活動），この 2 つが車の両輪のように働いていることである。どちらもバランスを良くすることが必要だが，そのためにはやはり人間への理解がないと実現できないはずである。このためにはたとえば，人間がシステムのリスクに及ぼす影響を評価できることが必要であり，ここに人間信頼性評価（HRA）の重要性がある。

安全を考えるときには安全目標という議論が出てくる。これは国際的には“How safe is safe enough?”という言葉でよく言われるように，国として産業のためのシステムに対する安全目標をどこに置けばよいのかの議論である。後に記すように，日本では原子力分野ですでに安全目標を持っているが，まだそれを使う実績が少ないという状況にある。リスク評価しなければ，安全目標の議論はできない。リスクマネジメントでは，安全目標を考慮してバランスのとれたシステムをつくるために，実効的なリスク低減活動を実現することであり，定量的にコストとベネフィットのトレードオフが必要となる。

また，技術システムの社会的受容には，「有用感と安心」が必要と言われているように，ここでもリスクとベネフィットのバランスがどうなっているのか判断する合理的な感覚が必要である。それに加え，活動実績，すなわちトラブルがない状態を継続していることを，社会に対して示すことが大事である。トラブルがあると一気に信用失墜するので，リスク・ベネフィットだけではなく，自己努力によりシステムの安全を高めていくという考えかたがなければ，本当の意味の良いシステムはつくれない。その実現のために，リスク低減活動があるという位置付けになる。

確率論的リスク評価（PRA）は，巨大複雑システムの安全性を確保するために開発された手法である。いちばん厳しそうな起因事象からありとあらゆるバリエーションを考えたシナリオをつくってイベントツリー（ET）を展開し，その各システムの故障はフォールトツリー（FT）で展開していくという手法で，全体のバランスを見ることができるツールである。このため，巨大複雑システムの安全性の評価にはPRAが必須と言える。先に記したように，起因事象と発生後の対策というさまざまなバリエーションのあるシナリオを考えるという方法が，網羅性確認のために必須である。すなわち，部分最適は全体最悪の可能性があるので，バランスの良い設計には全体を見る必要がある。たとえば，福島事故後の対策として，各プラントには多数の防護施設を過剰に取り付けているが，「徹底的な対策は本当に有効なのか，過剰ではないか，副作用はないか？」という疑問に対し，リスク分析結果を用いて定量的に議論するべきであろう。米国では，リスク情報に基づくパフォーマンスベースの規制（Risk Informed Performance Based Regulation：RIPBR）と言われる合理的な方針に徹底的に従って対応している。日本でも合理的な枠組みを確実に実現していく必要がある。

現状の日本の原子力分野で進めている自主的安全性向上という活動は，米国の規制方針を導入しようとする動きであり，要するに無用な設備投資を回避しつつ，安全上重要な施設に資源を集中的に投入することである。これは資源配分の議論であるが，もともと米国の原子力規制庁（Nuclear Regulatory Commission : NRC）がこの方針を採り入れたのは，産業界だけではなく規制側の資源配分でもあって，両者にとってバランスが良かったからである。原子力協会（NEI）という産業界側の組織が提言して，規制側の NRC が受け入れたのが，1985 年頃と 40 年近く前のことである。日本の事業者も，この考えかたを規制局に提言し，社会にもこの方針を採用すると発信していくことが必要だと考える [2]。

3.2　安全目標

安全目標とは，科学技術利用における国および事業者の安全確保の使命に対し，科学技術利用に伴うリスクの抑制の程度を表すものであり，その設定は社会的課題である [3]。リスクと安全目標の関係を，英国健康安全局の例で図 3-1 に示す [4]。安全は社会的な価値の問題であるため，そのシステムが許容できるか否かはリスク（ここでは事故の発生頻度）の大きさで決定される。たとえば，一般大衆の個人の死亡リスクが千年に 1 回くらいと頻度が高いシステムは，無条件に受け入れられないであろう。この値を安全限度（safety limit）と呼ぶ。一方で百万年に 1 回くらいに頻度が少なければ，社会から広く受け入れ可能であると考えられる。これを安全目標（safety goal）と呼び，多くの国が技術システムの受け入れ目標として定めている。この目標の設定に当たって

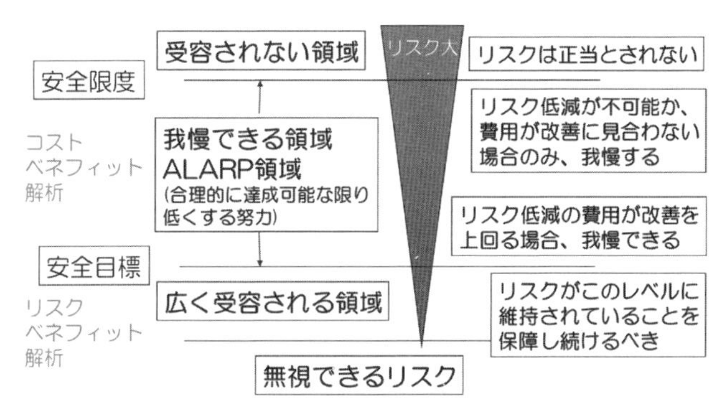

図 3-1　リスクと安全目標の関係（英国健康安全局の例）

は，システムの効用（ベネフィット）がリスクを上回るから多くの人々に受け入れられるので，当然のことながらリスク・ベネフィット解析を前提としている。同様の目的を持つシステムとの採否やバランスは，システム間のリスクとベネフィットの相対的な比較に基づき決定することになる。その中間のレベルはALARP（合理的に達成可能な限り低くすべく努力する）領域と呼ばれ，リスク低減効果（ベネフィット）とそれにかかるコストとのトレードオフを分析するコスト・ベネフィット解析により，対策の有無を検討することが大切となる。さらに積極的に安全性向上を図るのであれば，システムにおける安全対策が不十分なところと余剰なところのバランスをとることにより，システムの安全とコストを総合的に合理化することが望まれる。

安全目標を設定する目的は，安全に関わる国の判断の基礎を与え，事業者の達成すべき安全のレベルを公衆の認識できる尺度で示すことである。安全目標の設定により，次の利益が期待される[3]。

- 国の行うリスク管理に，透明性・予見性・整合性を与え，合理的で整合のとれた安全確保措置の体系の構築に資する。
- これにより，産業界・事業者のリスク管理の効果的な実施，技術開発を促進する。
- 共通の尺度を用いて公衆と対話することにより，目指すべき安全のレベルに関する認識の共有に資する。

国は，国民のために確保する安全水準を適切な水準にするべく規制活動を行うことになる。したがって安全目標は，国が規制活動において選択する安全水準を示すものである。一方，事業者においては，これを上回る水準を達成するあるいは最適化する方法として，リスク削減に関するコスト・ベネフィット解析などの考えかたを活用することが考えられる。リスクマネジメントを実現するうえで，安全目標とリスク分析は必須の要件である。

日本においては，旧・原子力安全委員会当時に安全目標を設定したが，活用されていなかったという経緯がある[3]。現・原子力規制委員会は，規制活動を通じて安全目標を達成すると述べている。今後リスクマネジメントの一環として，PRA の結果と安全目標を用いた定量的で合理的な規制と運用，そしてそれを用いた社会との対話が実現できることを期待したい。

以上の議論では，個人の死亡リスクを念頭に置いて説明してきたが，実際のリスク評価を実施する際には，食物への影響，風評被害など，リスク指標には多様性があることに留意する必要がある。

3.3　深層防護

国際原子力機関（IAEA）は，深層防護（DiD：Defense in Depth）の定義を INSAG-12[5] で公開している。これを解釈すると，深層防護は以下に示すような 5 つのレベルで考えることが基本である。

レベル 1：故障（不安全状態）やエラーの発生防止 ―固有安全（本質安全），高信頼性，フールプルーフ

レベル 2：故障の拡大抑制 ―フェールセーフ，フォールトトレランス，冗長性，多様性

レベル 3：事故への波及防止 ―自己制御性

レベル 4：事故の拡大緩和 ―格納機能

レベル 5：環境への影響の緩和 ―避難も含む

当然のことながら，環境への影響が大きいシステムほど安全関連システムへの配慮が重要になる。このように，深層防護は，1 つの安全バリアで防ぎきれなかった不安全事象の影響を，次の段階で異なる手段によって抑制し，被害を最小にとどめる考えかたである。安全策を何段階にも構成し安全性を高める多重防護（multiple protection）も，深層防護とほぼ同じ意味で用いられている。そうすると，小規模システムにおける決定論的安全設計は，安全バリアの下位レベルの 1～3 の事故予防（prevention）で安全が実現できるとした設計思想であり，大規模複雑システムではさらにレベル 4～5 の事故緩和（mitigation）まで含めて深層防護を実現すると考えることができる。

この IAEA の深層防護は歴史的に変遷が重ねられており，定義や解釈の細部については現在も議論が続けられている。深層防護の基本概念や，全体を 5 つ

の防護レベルに区分することは概ね合意されているが，深層防護の実装化に際して参加機関によりさまざまな意見がある[6]。

(1) 各レベルの定義

IAEA はレベル 4 をさらに炉心溶融の防護（レベル 4.a）と炉心溶融の緩和（レベル 4.b）に区分している。歴史的にはレベル 4 はレベル 3 のバックアップとして出発し，時代とともにその重要性が認識され，内容の充実が図られてきた。そのため，レベル 3 とレベル 4 の境界にあいまいな箇所があり，議論が継続しているものである。

(2) レベル 4 の呼称：DEC か B-DBA か？

IAEA では従来 B-DBA（過酷事故，Beyond-Design Basis Accident）と呼んでいたレベル 4 の領域を DEC（設計拡張条件，Design Extended Condition）と呼んで設備設計の対象範囲とし，想定される全事象を洗い出して対策を講じることとした[6]。これに対して，米国や OECD-NEA[7] では B-DBA という呼称を継続して使用している。

(3) 各レベル間の独立性

レベル間の独立性を高める努力は重要で，想定外のハザードや共通原因故障を回避するためには次元の異なる対策（例：ハード対策とソフト対策，多様化設計）を講じるのが効果的である。このため，教条的に「レベル 3 とレベル 4 の安全設備に独立性を持たせよ」という意見があった。これに対して，完全なレベル間の独立は実現困難であるので，「レベル 4 の対策設備に一律に独立性や耐震要求や単一故障基準を要求するのは不合理である。B-DBA シナリオのなかで必要に応じて対応すればよい」との意見もある。なお，欧州の SA 対策設備は深層防護の詳細議論が始まる前に設置されたこともあり，遮蔽設計や耐震設計など，必ずしも独立性が確保されていないものもある。

3.4 「深層防護」と「リスクマネジメント」の関係

リスクマネジメントは図 3-2 に示すように，事故の予防と，事故が起こったらその影響を緩和するという 2 ステップで，ハザード管理と危機管理（クライシスマネジメント）で実現している [1]。3.3 節の深層防護は設計概念，リスクマネジメントは運用概念であり，対象とする安全活動は異なるが，予防と緩和からなる多層防御で安全を担保しようとするところでよく似た概念である。

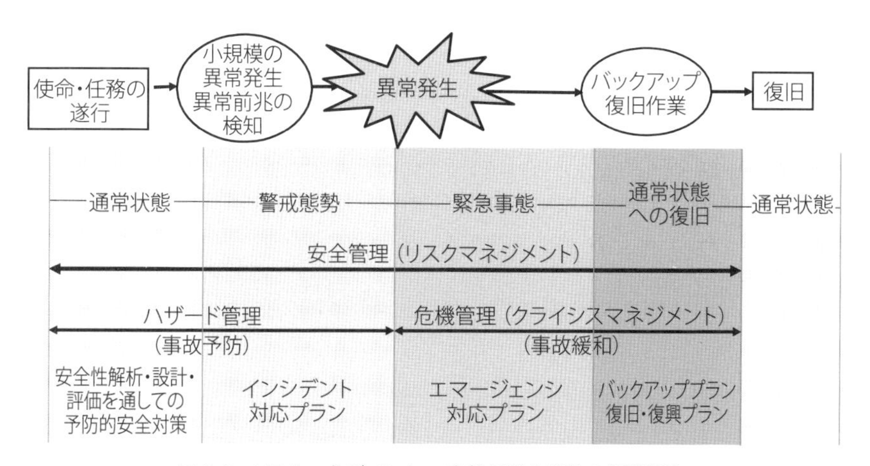

図 3-2　リスクマネジメント ―事故予防と事故の影響緩和

この事故予防と事故緩和，すなわち prevention と mitigation と大きく 2 つの手段によってリスクはどう変わるのかというのを，リスクカーブで判断することができる [8]。

日本の鉄道事故のリスクとして，戦後すぐの 15 年間とその後の 15 年間の事故統計によるリスクカーブを比較すると，鉄道では ATS や ATC などを徹底的に導入して絶対安全というロジックで抑え込むことにより，トラブルの発生頻度（frequency）が 1 桁程度減少してきた。現在であれば，さらに 2 桁程度は減っているはずである。発生頻度を徹底的に落として事故を起こさないという発想でリスク低減を図っている。

ところが，台風では発生は抑えられないので，その影響を緩和（mitigation）して抑え込むしかない。戦後すぐに伊勢湾台風やジェーン台風などが起こり，多くの方が亡くなったが，その後1桁ぐらい死亡者数は減ってきており，いまは多分，台風が来ても多くても10人程度の死亡者のレベルにまで来ており，死亡者数で2桁ぐらい減ってきていると考えられる。台風のような外的事象に対しては，治水で影響を緩和する対応をしている。

船舶も台風と同じような傾向にあり，事故が発生しても人が死なないようにすればよいという考えかたで緩和対策を採っており，影響の程度（死亡者数）を下げている。

鉄道は発生頻度を低減する，すなわちトラブルを起こさないという，予防する方向で頑張っており，一方で船舶は死亡者数を減らすという緩和対策を採っていると考えられる。

図3-3は，日本ではなくて世界全体の航空機の統計である。航空機は頻繁に墜落していないので，世界全体でないと統計がとれない。この図は横軸が死亡者数で，縦軸が発生頻度になっており，リスクカーブと呼ばれている。戦後すぐから離発着数が多くなったことや，航空機が大きくなったことで，リスクは大きくなってきた。最後の15年間を見ると，御巣鷹山の事故，スーシティ空港の事故とか，2機が衝突して何百人かが亡くなったテネリフェ空港の事故など，飛行機が大きくなったため，死亡者数も多くなっている。ただし，離発着数も圧倒的に増えているので，離発着数で評価すれば発生頻度は減らせているはずである。

航空の例を見るとリスクが上昇しており，対策が不十分ではないかと見えるので，資料を追加する。先ほどのグラフは，他と合わせるためにいわゆるリスクカーブ（縦軸が年間の死亡者数）で描いてあるが，航空の分野では離発着数で見ることが多いので，その統計グラフを提示する。図3-4に示すように50年代，60年代ぐらいにハードが良くなったので圧倒的に事故の数が減っており，さらにヒューマンファクターの対策で一気に減ってきた。ただ，70年代以降は，確かに少しずつ減ってはいるが，なかなか減少しない傾向が見える。しかし，その間にも事故は時々起こっており，機体が大きくなってきたため，一

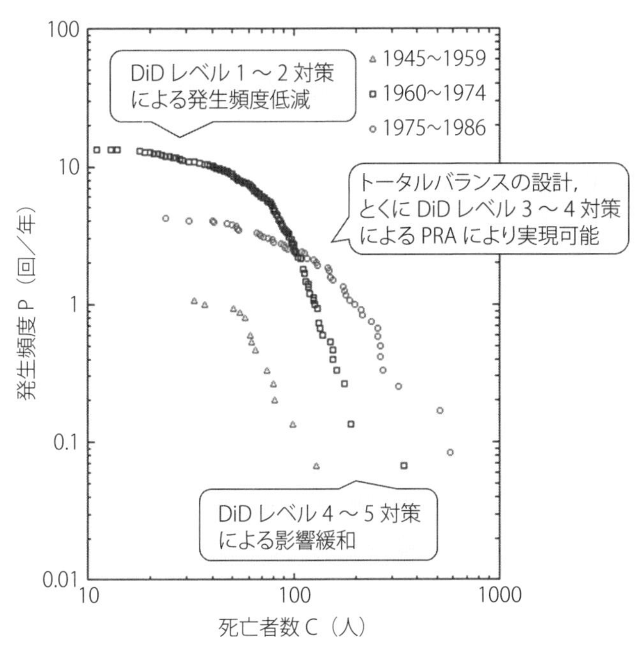

図 3-3　世界の航空機事故リスクの時系列変化

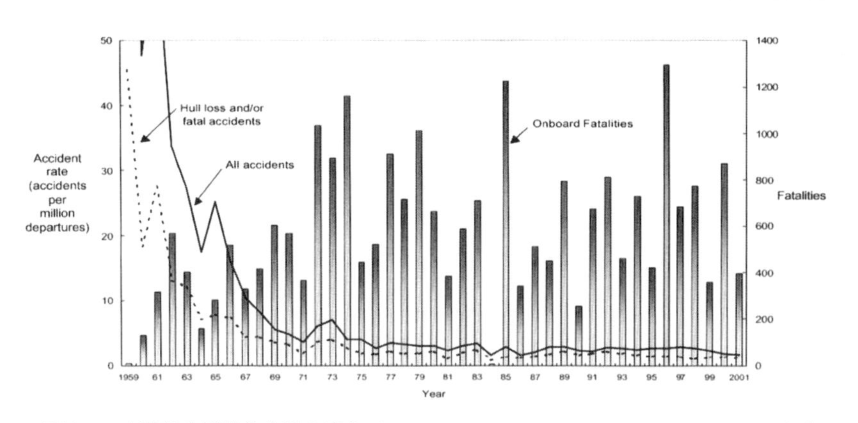

図 3-4　商業航空機事故件数の変化（BOEING, 2001 STATISTICAL SUMMARY, JUNE 2002 より）

度墜落すると死亡者数は200人ぐらいにはなるので，どうしてもリスクが大きくなる。これまで航空業界では，リスクを減らすために，ハードの対策，それからヒューマンファクターの対策を実施してきた。さらに現在では，クルーのコミュニケーションが問題であると認識し，Crew Resource Managementという形でクルーの対策を実施している。

事故の原因の種類が少ないときには，大体においてリスクカーブはほぼ直線になるが，図3-3に示した航空機の例では上に凸の曲線になっている。これは，緩和（mitigation）による影響抑制だけでも予防（prevention）による発生頻度抑制だけでも抑え込めないことを示している。さまざまな対策をとった後でも，複数の要因が重なった部分が残って凸の形状になる。これを抑えるために，PRAでバランスを見てバランスの悪いところから順につぶしていく方法で中間部分のリスクが減ってくるはずである。リスクカーブでどうしても残るところを減らすためには，PRAのようにバランスを見る枠組みで対策を考えないと本当の意味の低減はできないというのが，このグラフから読み取れると思う。

ここまでの話は工学的な対策であるが，図3-5に示す労働災害による死亡者数の変遷でわかるように，法律はリスク低減に効果的である。労働安全衛生法

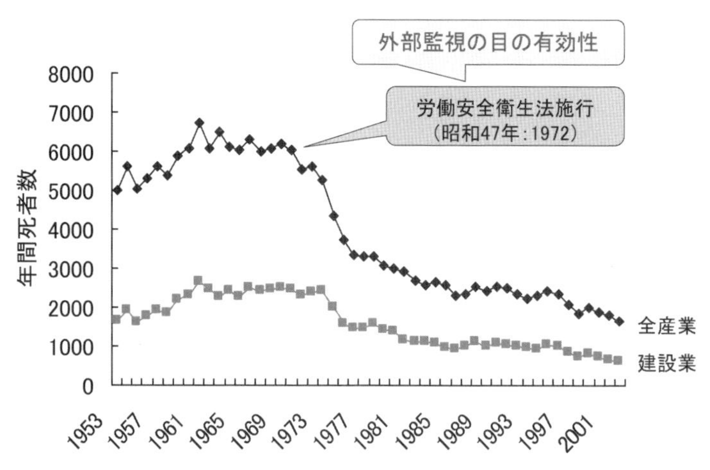

図3-5　労働災害による死亡者数の変遷（資料出所：労働省「死亡災害報告」）

が施行されると，死亡者数が減ってきており，とくに建設業で減ってきている。しかしまだ全体の半分を占め，他の産業と比較すると危険性の高い職種である。死亡者数は，一度は大幅に減ったとはいえ，その後はなかなか減らないという状況にある。人間工学的にもさまざまな対策をしてきたが，その対策の効果がなかなか見えないのが現状である。いずれにしても，法律の施行により半減しているので，有効な対策である。シートベルト着用義務化もリスク低減にかなり効いた。前部座席はもちろん後部座席でも，シートベルトの着用が事故時の致死率に影響する。後部座席シートベルトを着用した場合と着用しない場合との致死率の差を比較したデータ（2016～2020 年の合計）では，着用した場合よりも着用しない場合のほうが，一般道路では約 3.2 倍，高速道路で実に約 19.8 倍も高い（Toyo Tires：On the Road「後部座席のシートベルト着用義務はいつから？ その理由は？」https://ontheroad.toyotires.jp/より）。やはり，法律は安全対策として効果的であり，業界や企業だけの対策だけでなく，外部監視の目の有効性が理解できる。

3.5　リスク認知

本書が出版される頃には新型コロナウイルス感染症（COVID-19）が収束していることを期待している。コロナが蔓延しているときに，多くの人がコロナしか心配しない方向へ向かうことに不安を覚えていた。世の中には何百何千もの病気があり，コロナの当初のリスクはその 100 位にも入っていないのに，コロナのことばかり医者も患者も心配している。さらに，人類を取り巻くリスクは医療リスク以外にも多数あり，しかもそのリスクのほうが圧倒的に大きいのだが。

表 3-1（表 1-3 を再掲）は人間のリスク認知の矛盾を示している[9]。すなわち，人間が未知の事象や人工物に対して感じるリスクと，実際に定量的に予測されるリスクとの乖離のことである。多くの死亡者が出ている交通事故や自殺をごく普通のこととして受け入れるにもかかわらず，ほぼリスクがないといえる O157 や狂牛病には過敏に反応して大騒ぎとなったことは多くの人が経験し

表 3-1　原因別死亡者数（『「反原発」の不都合な真実』[9] より）

対象	死亡者数／年	報道価値	一般の反応
放射能，O157，狂牛病	0～100人	高	パニック
HIV，殺人，熱中症	100人～5000人	中	社会的問題
交通事故，大気汚染，自殺，喫煙	5000人～20万人	低	日常茶飯事

ている。今回のコロナ禍の騒ぎもこの構図に則っている。

図 3-6（a）は日本における年毎の自殺者数の推移を示しているが，1 つのポイントとして平均的に 2 万人を超えていることがわかる。コロナが発生した年において，その死者数は千人前後であった。3 年経過した 2022 年 6 月 15 日現在で 3 万人くらいである。この年の 2 月には多くの患者が出たピークであったため喫緊の課題であったことは事実である。確かにコロナの議論や対策は大切であるが，本当に議論すべきリスクは，より大きなリスクである。たとえコロナ禍のなかにおいてでも，コロナの後遺症や経済不況よる自殺者の増加を抑える対策が優先されるべきであろう。この図のポイントはもう 1 つあり，自殺者がリーマンショックで 3 万人を超え，かつそれが 10 年以上も継続したこと，すなわちリーマンショックの影響だけで 10 万人近く自殺者が増えたことである。

図 3-6（b）は自殺者数と失業率との関係を示すが，失業率と自殺者数は線形の関係にあり，自殺者を減らすには失業率を下げることに尽きる。経済に及ぼすコロナショックの大きさはリーマンショックの倍であろうといわれているようだ。だとすれば，コロナへの対策はもちろん必要だが，コロナの自粛による景気の低迷を回復し失業率を低下させ，そして自殺者数を減少させる施策が強く望まれる。それが日本の政策におけるリスクマネジメントであろう。

本来ならば，リスクを安全性の尺度として用いることによって，対象システムの安全性を確率として定量的に，そしてより具体的に検討できる。そればかりでなく，リスクは，対象システムの安全性の改善目標の決定や技術システムの選択においても重要な役割を果たす。たとえば，技術システムの安全性をどこまで改善する必要があるかは，リスク解析の結果と安全目標の比較により定

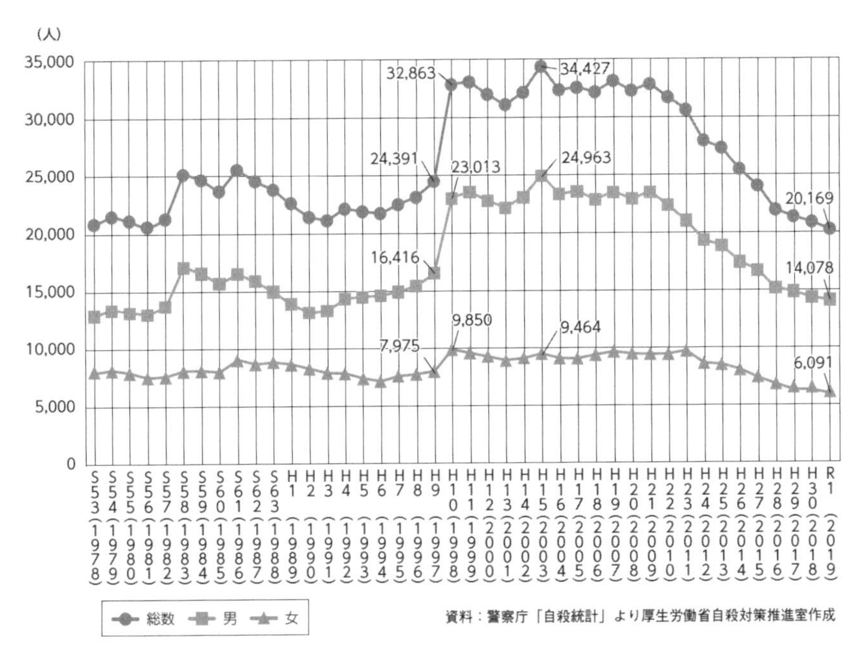

(a) 自殺者数の推移
(厚生労働省ホームページ「自殺対策の概要」より)

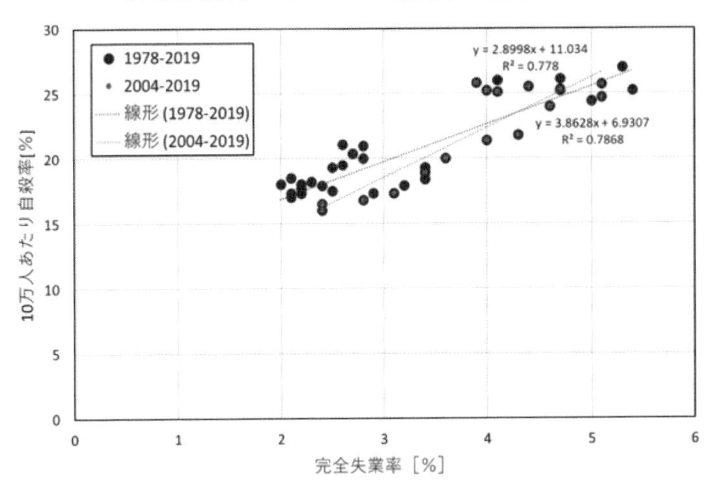

(b) 完全失業率と自殺率の関係
(アゴラ言論プラットホーム https://agora-web.jp/archives/2045553.html より)

図 3-6　自殺者数と失業率

まる。また，さらなる安全性の向上を必要とするかどうかは，コスト・ベネフィット解析によって判断される。さまざまな代替案のうち，どれが最適改善案であるかは，リスクの改善度合いとそれに要するコストとのトレードオフに基づき決定できる。さらに，ある技術システムが社会に受け入れられるか否かは，その技術システムが持つリスクとベネフィットとのトレードオフに関わる[1]。

参考文献

［1］柚原直弘／氏田博士『システム安全学』海文堂出版，2015.

［2］キヤノングローバル戦略研究所 原子力安全研究会「原子力のリスクと対策の考え方」2016.

［3］原子力安全委員会「安全目標の姿に関する検討の方向性について」中間報告，2003.

［4］UK Health and Safety Exective,“Reducing Risks, Protecting people”，2001.

［5］IAEA, INSAG-12: Basic Safety Principles for Nuclear Power Plants.

［6］IAEA, SSR-2/1: Safety of Nuclear Power Plants: Design.

［7］OECD-NEA, Implementation of Defense in Depth at Nuclear Power Plants.

［8］氏田博士「ヒューマンエラーと安全設計」（特集「品質危機とヒューマン・ファクタ～未然防止の基本と実際～」）品質管理誌，2001 年 9 月号.

［9］藤沢数希『「反原発」の不都合な真実』新潮社，2012.

第4章

システムのリスクマネジメント

4.1 「リスクマネジメント」「リスク低減」「ヒューマンパフォーマンス向上」の関係性

まず「リスクマネジメント」「リスク低減」「ヒューマンパフォーマンス向上」の関係性について述べる。巨大複雑システムにおける「リスクマネジメント」とは，「部分最適が全体最悪をもたらす」ことがないように，過不足のないバランスのとれたシステムの設計（ハード／ソフト）と運用（人間）により安全性向上を実現しようとする活動といえる。言い換えれば，リスクの優先順位に基づき，コストも考慮して合理的な範囲で脆弱性をつぶしていく「リスク低減」活動である[1]。

ところで，いまある巨大複雑システムは，深層防護や設計基準事故などの安全の論理に基づくハード設計や品質保証活動を通じて，ハードに起因するあるいは関わるリスクは2割程度まで低減しているので，残った8割のリスクは人間が絡んだ事象といえる。このため，リスク低減活動は，リスクに係る人間行動を良い方向に誘導する「ヒューマンパフォーマンス向上」活動といういいかたもできる。さらには，業務プロセスにおける脆弱性（リスク）を見つけてつぶしていく活動を継続することによって初めて「安全文化の維持・向上」にもつながっていくものと考えることができる[2]。

4.2 リスクマネジメントの実践

「リスク（risk)」の語源は，「絶壁の間を船で行く」という意味だといわれている。たとえ両岸が絶壁であっても，あえてそこを越えないことにはチャンスに巡り合う可能性もない。しかし，それは将来という不確定なものである。米国の経済学者フランク・ナイトは，不確定なことについて確率によって計測できるものをリスクと呼んでいる[1]。

一般に，リスクには，健康に対するリスクのみならず，環境リスク，投資リスク，企業経営リスク，政治リスクなど，さまざまなリスクがある。また，個人のリスクと社会のリスクという分類もあり，さまざまな指標が使われている。原子力分野では，原子炉リスク，放射線リスク，環境リスク，労働災害リスクなどがある。

リスクの定義は時代によって変遷している[3]。

- ISO/IEC Guide 51（JIS Z 8051:2004）

  リスクとは「危害の発生確率及びその被害の程度の組み合わせ」，危害（harm）とは「人の受ける身体的傷害もしくは健康被害，または財産もしくは環境の受ける害」とされ，人に加えて，財産，環境も対象になっている。

- リスクマネジメント用語規格（ISO/IEC Guide 73:2009）

  リスクの再定義によって，リスクは「事象の発生確率と事象の結果の組み合わせ」，結果は「事象から生じること」と定義された。事象の結果には，好ましくない影響と好ましい影響の両方が含まれ，また期待値から乖離しているものとなっている。

リスクマネジメントの全体像を図 4-1 に示す。大きな枠組みとしては左の図のようないわゆる PDCA サイクルを回し続けることが大切である。具体的なケースにおけるリスクアセスメントの実践は，右の図に示すようにリスクの特定–リスク分析–リスク評価，さらにリスク対応のステップへ進めていく。

先に述べたように，リスクにはさまざまな種類があり，図 4-2 に示すようなある種の階層性が存在する。このため，実際のプラントを運営する組織のリスクマネジメントを考えると，対応する責任者や担当者も階層的な構成で役割を分担することが必要となる。とくに現場の担当者は，管理者ではないが，現場の自分の周りのリスクを見つけてつぶしていくのは自分の責務であるとの認識を持って対応する必要がある。このため，ここでは現場の担当者をリスクリーダーと呼ぶこととする。

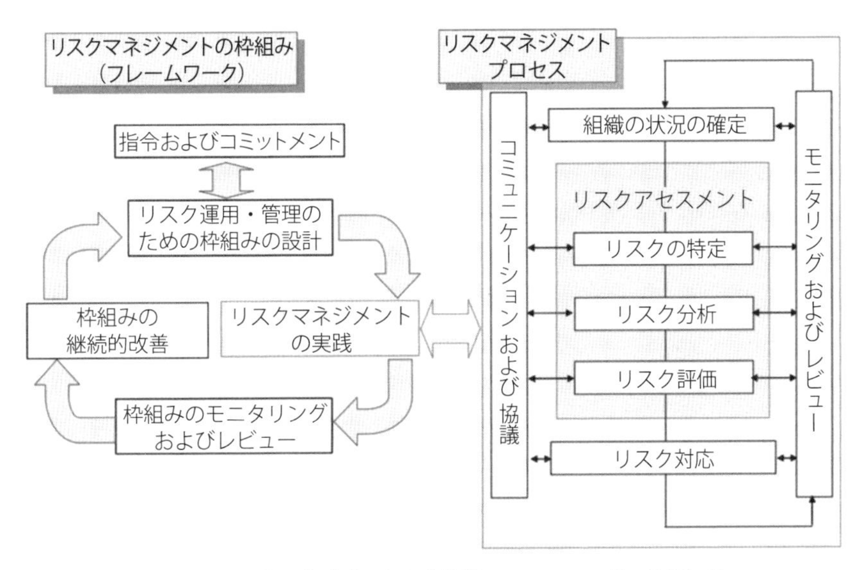

図 4-1　リスクマネジメントの全体像（JIS Q31000 を基に筆者作成）

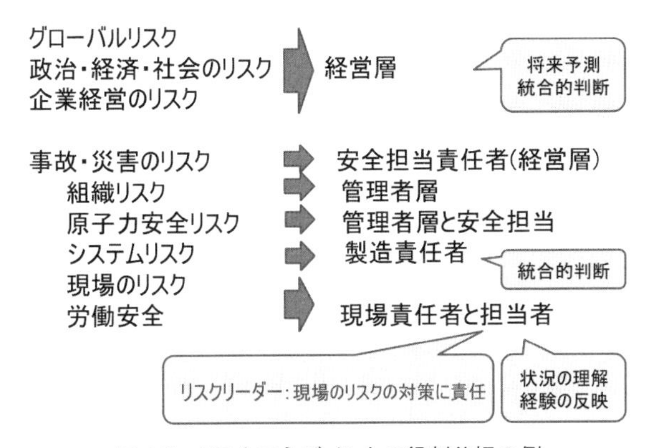

図 4-2　リスクマネジメントの役割分担の例

4.3 リスク対応の検討

リスク対応を検討するには，何らかの定量的な尺度が必要であり，このため表 4-1 に示すようなリスクマトリクスの利用は必須となる [3]。この表は，リスクをどこまで下げればよいのかの指標である安全目標に基づき作成され評価される。1 は安全目標を満足しており対策不要，3 は最低限の限度も達成しておらず対策は必須，2 はその中間でコストも考慮して可能な限り達成可能な対策をとるべき（ALARP : As Low As Reasonably Practicable）であることを示す。ポイントとしては，分析や対策検討に入る前にその必要性を評価する，また対策後にその効果を評価することの両方が必要であり，対策では汎用性と実効性と恒久性を考慮して検討することが重要である。

リスクマネジメントによるリスク低減のためには，抜本的にハザード（リスク源）をなくすか小さくすることをまず考えるべきである。ただし，これは難しいときが多いので，次善の策としてバリア（表 2-2 参照）を設けて影響の大きさあるいは影響の発生頻度を小さくする方策を検討する。その考えかたを動物園のライオンを例として図 4-3 に示す。

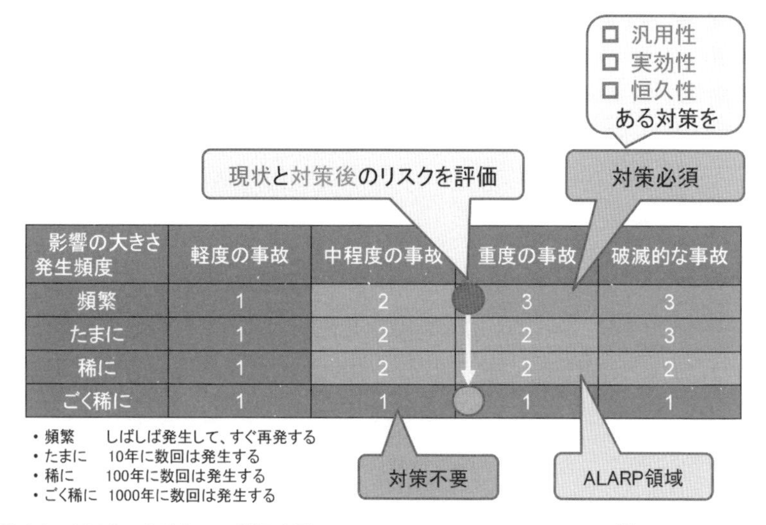

影響の大きさ 発生頻度	軽度の事故	中程度の事故	重度の事故	破滅的な事故
頻繁	1	2	3	3
たまに	1	2	2	3
稀に	1	2	2	2
ごく稀に	1	1	1	1

表 4-1　リスクマトリクスの利用方法（「リスクアセスメント・ハンドブック」[3] を基に筆者作成）

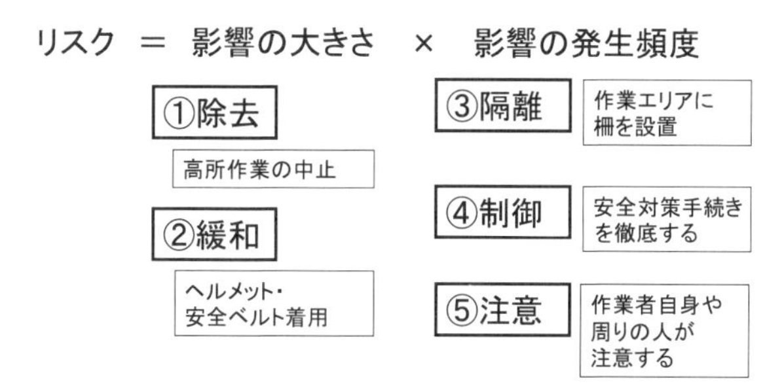

図4-3　リスクマネジメントによるリスク低減の考えかた
（例：高所作業で落下して重症（労働災害））

4.4　組織の対策の考えかた ―HPIの継続的実施

シャインによれば，組織文化は3階層より構成されている（図4-4参照）[4]。表層における行動の積み重ねにより深層が長い年月で変わっていき，その深層が表層の行動を統制するという2つのループが生じる。このループが安全に対して良い方向に向かう正のスパイラルに入るか逆に負のスパイラルに入るかは，リスク低減活動やHPI活動を着実に実施しているか否かにかかると考えている。

この枠組みで組織事故を考えてみる。組織事故に至る過程は，深層防護の誤

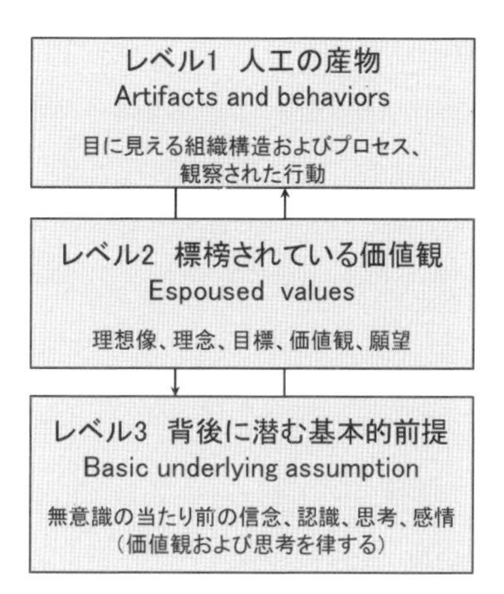

図4-4　シャインによる組織文化の3階層モデル
（E. H. シャイン『企業文化　生き残りの指針』[4] を基に筆者作成）

謬により負のスパイラルに入ってしまうと理解できる。すなわち，組織事故とは「深層防護の確立–安全への過信–組織文化における安全意識（安全文化）の劣化–組織事故（組織全体の課題）」という負のスパイラルの結果として説明できる。これに対処するには，リスクマネジメントを確実に継続していくことしかないのではと感じている。これにより，組織全体の安全意識の向上という正のスパイラルに変えることができるはずである[1]。

「リスク低減」と「組織文化」の関係を組織の構成と活動から考察する。組織事故を防止する組織の各層における安全意識を醸成するためには，組織の外部としての社会の存在，組織全体，そのなかの部や課の各層，そしてそこで働く担当者の各レベルにおいて，それぞれの役割を果たすべきである。社会は，社会道徳，外部監視の目，規制組織，法令などの機能で組織を見守る。組織は，CSR（企業の社会的責任），創業者精神，トップの精神などで組織のありかたを組織の内外に発信する。さらに組織は，企業倫理綱領，内部監査，内部告発などの制度で組織の方針を実現する手立てを用意する。各部署は，整備された手立てを誠実に実行する。各個人は，技術者倫理に基づき自分の責務を果たす。これを組織として体系的に整備する。すなわち，各階層における制度（組織構成）と管理（運用方針）を明確に定義する。担当者と管理者が一体となって，各階層におけるリスクを見つけ，評価し，低減対策をとる。このような組織形態において初めて組織文化の維持・向上が期待できる。各個人は，HPI 活動におけるリスクリーダーの意識を持って現場のリスク対策に責任を持つ[2]。リーダーの意識を持たせるためには，それなりの仕組みづくりが肝要である。たとえば小集団活動，提案制度などのボトムアップの仕組みや，昇進／昇給などのインセンティブの付加などを整備することが望まれる。

4.5 組織文化とリーダーシップ

(1) 組織文化と安全文化醸成

組織文化は，組織内における共通した行動パターン，判断基準，価値観，考え方などのことである。安全文化は組織における個別の要素ではなく，組織文化そのものであり，「組織文化の安全に関する側面」である。

図 4-4 で示すレベル 1〜レベル 3 のすべてが組織文化である。「文化は目に見えない」といわれるとおり，「文化そのもの」は目に見えないかもしれないが，組織文化は，目に見える形で現れているレベル 1 の部分があるので，その現れているものを見ることで，ある程度どのような文化なのかを確認できる。また，レベル 2 は価値観であるから，見ても判然としないが，聞くことによってそれもある程度は確認することができる。確認することができるのならば，それに働きかけることもまた可能である。「文化そのもの」に働きかけることはできないが，レベル 1 やレベル 2 に働きかけたり変化させたりすることで，レベル 3 の部分が変わることが期待でき，シャインのいう「文化の本質」（レベル 3）に間接的に影響を与え，変化が期待できる。具体的には，組織の理念や目標の置き方，組織の体制・仕組みや仕事のやり方，経営者や管理者のリーダーシップやマネジメントの仕方，そして個人の考え方や行動などを，リスク低減につながる方向に変化させることで組織文化に対して間接的に影響を与え，組織文化を安全の向上にとってより好ましい影響を与えるものにしていくこと，これが時間はかかるが実効的な 1 つの安全文化醸成へのアプローチ（安全文化醸成そのもの）といえる[5]。

(2) 安全性向上とリーダーシップの関係

一般に，経営者・管理者は，組織における職位としてのリーダーであるから，経営者・管理者がリーダーシップ*1 を発揮するのはいわば当然であり，自覚し

---

*1 リーダーシップの定義を参考に示す。

- JIS Q 9000:2015（ISO 9000:2015）「2.3 品質マネジメントの原則」2.3.2 リーダーシップ（説明）では，「全ての階層のリーダーは，目的及び目指す方向を一致させ，人々が組織の品質目標の達成に積極的に参加している状況を作り出す。」としている。
- IAEA GSR Part2「安全のためのリーダーシップとマネジメント」（2016）1.5 (a) の脚注では，「リーダーシップとは，要員及びグループを方向付けるため，また，基本安全目的を達成し，基本安全原則を適用する彼らの責任を持った関与に影響を及ぼすため，共通の目標，価値観及び行動により要員の能力及び力量を活用することである。」としている。
- JEAC 4111-2021「原子力安全のためのマネジメントシステム規程」3.21 リーダーシップでは，「目標と価値観を共有させ，また自ら行動することにより，個人と集団を方向付けるとともに，目標達成にコミットするよう促すことに，個人の能力および力量を用いること。」としている。

ていなくてもリーダーシップは発揮されている状態にあるといえる。そして，方向性（目標）を示すことがリーダーシップの機能であり，リーダーシップで示された方向性（目標）を実現していくのがマネジメントの機能であるから，リーダーシップによって「リスク低減」の方向性（目標）を示し，それを具体的にマネジメントの中で実現していくことが組織としての安全性向上活動である。

組織としてのこの「リスク低減」行動への働きかけに最も影響力があるのは，組織のトップマネジメント（社長など経営者）であり管理職であるマネージャーであろう。こう指摘すると，「そうではなく，個人の心掛け（姿勢・態度）だ」という声も聞こえてきそうである。しかし，組織に属する個人が，業務上の行動や意思決定を行う際に，組織の目標や仕事のやり方，経営者・管理者の指示や意思決定などを無視して（影響をまったく受けずに独立して），一個人として意思決定し行動することは考えにくい（病気や薬物使用などの場合を除く）。そのため，「組織構成員としての個人」の考え方や行動を変化させるには，良くも悪くも組織の影響が大きいと考えるのが理に適っている。個人の姿勢や態度が重要であることに変わりはないが，組織に属する「個人の考え方や行動」に大きな影響を与えるのは経営者・管理者のリーダーシップであり，安全性を向上させる，つまり「リスク低減」行動への働きかけとして，そして組織内の「リスク低減」へのムーブメントをつくるためには，経営者・管理者の「安全のためのリーダーシップ」がなくてはならない。

こうした前提を踏まえたうえで考えなければならないのは「個人」としての「安全のためのリーダーシップ」である。組織として，経営者・管理者が「安全のためのリーダーシップ」を発揮したとしても，最終的には組織構成員である個人が「リスク低減」行動を実行するのであるから，先に述べた「リスクリーダー」として，各人が与えられた役割と責任において，自分の周りのリスクを見つけ，低減していく必要がある。また，「担当者」であっても，たとえば協力企業への委託や請負業務の発注者の立場であれば，組織対組織の関係において協力企業に対してはリーダー的な役割であるから，組織としての「安全のためのリーダーシップ」を発揮することが求められるのは言うまでもない。

(3) 安全のためのリーダーシップとは

産業現場での安全を考えた場合，安全はそれ自体で存在しているわけではなく，業務（仕事）のなかに存在し，組織存続のための必須条件であるので，経営者・管理者が発揮するリーダーシップについて，「安全のための」リーダーシップと呼ぶこと自体に無理があるのだが，いわゆる「生産活動（業務遂行）のための」リーダーシップとあえて分けた言い方をすることによって，「安全」を向上させるための見方（視点）として明確化するものであり，理解していただきたい。

ここで安全のためのリーダーシップについて考えてみたい。前述したとおり，方向性（目標）を示すことがリーダーシップの機能であるから，現在の方向性（目標）を継続するならそれも 1 つのリーダーシップではあるが，現状のリスクをより低減するためには新たな方向性（目標）を示すことが求められる。現状を継続するということは現状のマネジメントの継続であり，たとえば組織の仕組みや仕事のやり方は現状のまま継続されるということである。現状の仕組みのなかにも「リスク低減」の仕組みややり方はおよそ組み込まれているため，現状の継続であってもリスクは低減されるといえる。しかし，それでは「安全のためのリーダーシップ」という言い方で敢えて強調する意味がない。現状に満足せず，より良い安全な状態を目指すために，常に安全にとってより良くなる方向性（目標）を示していくことが安全のためのリーダーシップの発揮だと理解することが必要である。

(4) 安全のためのリーダーシップを実践する

米国エネルギー省の「HPI ハンドブック」[6] に基づき，安全のためにリーダーが実践すべき行動について，その考え方と具体的な振る舞いの例について示す。

まず，リーダーは，「組織構成員の価値観*2，信念*3，姿勢・態度*4 に働きか

*2 価値観（value）とは「組織（経営者・管理者）が重要視している価値」をいう。
*3 信念（belief）とは「人が正しいと信じている（または認識している）こと」をいう。
*4 姿勢・態度（attitude）とは「ある対象または課題に対する心もしくは感情の状態」をいう。

ける」ことを考え方のベースとする。「価値観」は，組織として表明している「組織の価値観」が行動に反映されることが必要である。現実の場面では，組織が表明（標榜）している価値観が，必ずしも行動に反映されていないことがあり，この現実とのギャップを埋める努力が必要である。次に「信念」は，「誤った信念を正す」ことが中心となる。たとえば，「エラーは気の緩みで起こる」「自分は常に安全に行動できる」「繰り返し，型どおりの仕事が多い（と思っている)」などの信念は誤りであり，「人のエラーは正常である」「人は誤りを免れない」「完全に安全な（いつも同じ）環境は存在しない」などの正しい考えを理解してもらうことが必要である。また，「姿勢・態度」は，安全な行動にはポジティブ・フィードバックを行い，不安全な行動にネガティブ・フィードバックをするなど，組織構成員の心や感情に働きかけることが効果的である。これは，苦痛，恐れ，不安，フラストレーション，屈辱，困惑，退屈あるいは不快感を経験すると，人はそのような行動を避ける傾向を利用するものである。

加えてもう 1 点，組織運営にありがちな傾向として留意しておくことがある。それは，「生産性」と「安全性」に対するリーダーの振る舞いである。たとえば，部下が工程を短縮したり，費用を削減したりした場合は，その努力に対する結果は明確でわかりやすいため，リーダーはその行為（あるいは活動）に対して認めたり，褒めたりすることは容易である。一方，部下が安全に配慮し，災害や事故が起きないように検討し，計画し，現場で管理すればするほど，「何事も起きない」という結果しか生まれない。もし，部下が安全に対して何も努力しなかったとしても，災害や事故が必ず起こるかというとそうでもない。つまり，安全への努力はわかりにくい（見えにくい）もので，その努力を認めたり褒めたりすることは難しいという側面がある。逆に，部下の立場からいえば，職務を安全に行うために手間をかけるよりも，「仕事をさっさと片付ける」ことを望むのが通常の人間の振る舞いであろう。とくに，安全と生産の目標達成が競合すると，安全活動が二次的なものとみなされやすい。こうした個人の振る舞いは価値観によって動かされるものであるから，リーダーが生産活動よりも安全活動により関心を向けた振る舞いをするならば，部下はその影響を受けて安全活動の重要性と必要性を理解し，安全活動に必要なリソースを振り向けるようになるといえる。長期的には，生産活動も安全に関する活動も，両方がなくては組織は成功しない。経営者や管理者は，生産／安全の間のリソース配分のバランスが適切になっているか，自分自身はもとより部下の行動にも細心の注意を払い，常にこのことを意識して振る舞うことが重要である。

このように，「組織の価値観，信念，姿勢・態度」は，個人のリスク管理の有効性をプラス面でもマイナス面でもいちばん大きく左右する。HPI が成功するか否かは，すべての階層のリーダー（経営者・管理者）の継続的なリスク低減に向けたリーダーシップとそれに基づくマネジメントに大きく左右される。

次に，安全のためのリーダーシップの具体的な実践例として，5 つの振る舞いを紹介する。

① オープンなコミュニケーションを促進する

リーダーは，安全に関してオープンで率直なコミュニケーションができる組織・職場の雰囲気となるよう，あらゆる障害を取り除く努力を行う。たとえば，エラーが起こる可能性のある状況や，組織の潜在的脆弱性の特定を積極的に奨励する。また，互いに誠実に，公正に，敬意をもって接するとともに，仲間意識，チームワークの雰囲気を高める。そして，エラーを認めて，そこから学ぶことを促進するなどである。

② チームワークを促進する

一般に，人は自分のエラーに気づくことが難しい。そのため，チームワークによって協力してヒューマンパフォーマンスの問題を防ぐことが必要である。たとえば，質問する，懸念を表明する，提案する，メンバー間のオープンなコミュニケーションを維持する，そして経験から学び改善するなど，チームワークの促進を図ることである。

③ 望ましい行動を強化する

リーダーは部下の振る舞いに対して，好ましいことは奨励し，好ましくないことは矯正したり，コーチングなどを行う。たとえば，部下の振る舞いが好ましい場合は，褒める，努力に対してねぎらいの言葉を掛けるなど。逆に，部下の振る舞いが好ましくない場合は，注意する，指導する，叱るなどである。いずれの場合も時間がたってからよりも「行為の直後あるいは結果が出た直後」に行うと効果的とされる。

④ 潜在的な組織の脆弱性を排除する

組織の脆弱性は「仕事の仕組み」のなかに現れる。これを系統的に探して，排除する。「仕事の仕組み」とは，作業環境，マンマシンインタフェイス，作業計画，作業手順，組織管理，作業管理などのことを指す。これらのなかの潜在的な組織の脆弱性を発見する方法としては，たとえば次のものがある。

- 自己評価
- パフォーマンス指標
- 傾向分析
- ベンチマーキング
- 独立した監視
- 現場（行動）観察
- 問題の報告，分析
- 調査とアンケート
- 事象の調査
- 是正措置プログラム

など

⑤ リスク低減を高く評価する

部下が「組織の価値観」に従ってリスク低減の行動を行ったときに，リーダーが誠実に（integrity），常に一貫して，それを高く評価する（認める）。先にも述べたが，組織が掲げ，標榜している価値観が，必ずしも組織構成員の行動に反映されていないという現実があり，リーダーはこのギャップを埋める努力を行う。

(5) どこまで「リスク低減」をすればよいのか

ここまで述べてきたように，リーダーである経営者や管理者のリーダーシップやマネジメントの仕方，そしてそれに影響される組織構成員（個人）の考え方や行動などを，リスク低減につながる方向に変化させることで組織の文化に対して間接的に影響を与え，組織文化を安全の向上にとってより好ましい影響を与えるものにしていくこと，これが組織（安全）文化醸成へのアプローチである。

ただ，「安全」は組織や個人あるいは社会の価値判断であるので，「どこまでやれば安全か（How safe is safe enough?）」を一律に決められるものではない。それでもなお，安全を最優先に考え，その実現・確保に向けてリスクをより小さくしていくことが「安全」の本質であると理解することが必要である [1]。

ISO/IEC Guide 51:2014 では，安全とは，「許容不可能なリスクがないこと」と定義されている。この定義に従えば，リスクが高くて受け入れられない，あるいは我慢しなくてはいけないようなリスクを低減することによって，より広く受け入れられる程度のリスクにすることが「安全」である。また，事故や災害が起こっていないからといって安全ではない。それはリスクが事故や災害などとして顕在化していないだけのことである。リスクは常に存在するものであるから，それが顕在化したときに許容できるようにしておく必要があるし，常にあるリスクそのものを顕在化する前に見つけて低減し続けることを「安全」の考え方とすることが求められる。（図 4-5 参照）

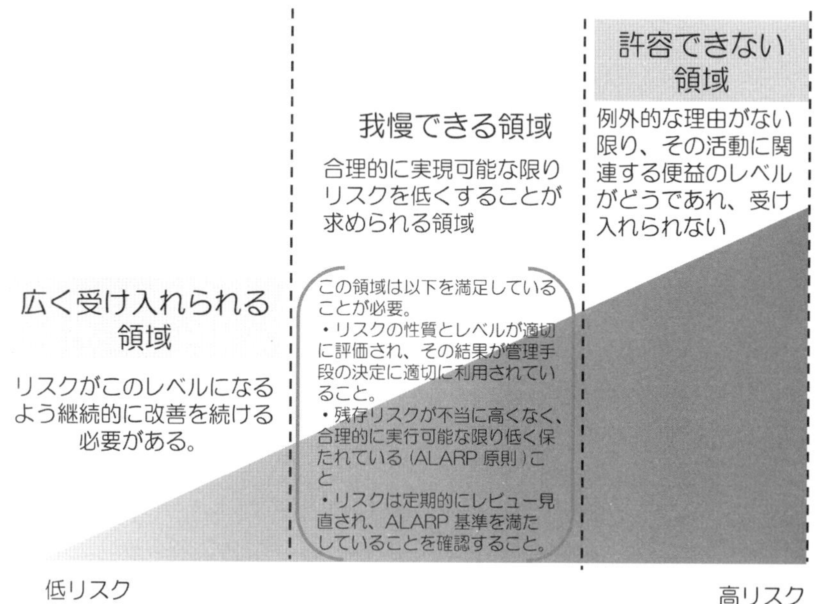

図 4-5　リスク受容のフレームワーク（英国 HSE のリスク許容度 [8] を基に筆者作成）

4.6　確率論的リスク評価の合理的な活用を図るために

我が国では大規模複雑システムのための確率論的リスク評価（PRA）は，合理的な安全性の確保・向上活動のツールとして定着させるために，内的事象のアクシデントマネジメントの参考として実施されたが，なかなかその活用は広がらなかった。しかし現在は，その障害の最も重要なものであったと考えられる外的事象のPRA手法がかなり整備され，規制上も要求される状況となったので，リスクマネジメントの有効な道具として定着させる条件がそろったと考えられる[7]。

この状況を前向きに捉え，合理的な活用を図るには，PRAの多面的な活用の試行による運用方法の確立を図ることが適切である。PRAの手法やデータの整備は，PRAを実際の運転管理に用いる試行と並行して進めることが最も効果的である。そのような使い方には次のような方法があるが，これらについて可能なものから実用または試行を進めていくことが考えられる。

① 重要なリスク寄与因子の探索

見落とし（想定外事象）をなくすために，探索の幅を広げ，現在の安全対策の下でのリスク寄与を評価し，過大なものがあれば対策を講じる。

② 安全性向上策の有効性の評価

対策のオプションの効果を比較し，効果の高いものを選定する。

③ 系統，機器，構築物の重要度・寄与度の評価

設備のリスク重要度を評価し，品質保証，保全活動などに役立てる。

④ 安全向上活動の全体としての達成度の評価

全体としてのリスクの低減を継続的に評価する。

⑤ 設備の信頼性および全体のリスクへの影響の監視

系統，機器，構築物（SSC）の試験，検査，故障記録などを収集／蓄積することによって設備の信頼性のトレンド分析を行うとともに，プラント全体の安全性に関するPRAのモデルを活用して，将来の信頼性低下がリスクに与える影響を評価して，これらの情報を保守活動に役立

てる。

⑥ リスクの監視

要素の性能劣化を監視し，劣化に対してリスクへの影響を評価する。

なお，こうした活動を進める上で，何らかの定量的な安全目標を定めておくことは有用かつ必要である。

参考文献

［1］柚原直弘／氏田博士『システム安全学』海文堂出版，2015.

［2］氏田博士／倉林正治／前田典幸「リスクマネジメントにおけるヒューマンパフォーマンス向上」研修（その 1～3），日本人間工学会 第 63 回年会，2022.

［3］経済産業省「リスクアセスメント・ハンドブック【実務編】」2011.

［4］E.H. シャイン，金井壽宏監訳，尾川丈一・片山佳代子訳『企業文化　生き残りの指針』白桃書房，2004..

［5］原子力安全システム研究所社会システム研究所『安全文化をつくる』日本電気協会新聞部，2019.

［6］USDOE, Human Performance Improvement Handbook, Volume 1&2, DOE-HDBK-1028-2009.

［7］キヤノングローバル戦略研究所 原子力安全研究会「原子力のリスクと対策の考え方」2016.

［8］英国 HSE（Health and Safety Executive）Books「Reducing risks, protecting people」2001 P41～43: HSE framework for the tolerability of risk

第5章

リスクマネジメントのための組織事故分析

5.1　組織事故とは

いままでのヒューマンエラー分析では，事故に直接係る個人やその関係者を対象としてきたが，近年の事故は組織そのものに起因したものが多く，対象を組織にまで拡張する必要がある[1]~[3]。

(1) 安全問題の変遷

安全問題の変遷は1.1節に紹介したように,「技術の時代」に始まり,「ヒューマンエラーの時代」,「社会–技術の時代」を経て,「組織間関係の時代」に至っている。

「組織間関係の時代」の現在，技術的な問題は基本的に解決されており，ハード面のみに関していえば技術的な信頼度はかなり高くなっており，インタフェースなども以前に比べれば格段に良くなってきている。そこで，最近起こっているのは「組織事故」といわれるものである。組織事故は，その原因が簡単に特定できるような単純なものではなく，組織内に潜む欠陥が知らず知らずのうちに拡大し，結果的に組織全体や社会に影響を及ぼす大きな事故になってしまうものである。また，最近では，企業の合併や多くの仕事が外注されることなどもあり，組織間のインタフェースも問題になっている。

このように，時代とともに問題の質が変わってきている。組織事故について分析しない限り「安全」を保てない時代になっている[1]。

(2) スイスチーズモデル

安全を確保するためのさまざまな技術があるが，安全設計の根本思想は，以下に示すように何重にもバリアを張りめぐらして防護するという「深層防護」の考えかたである。

① 故障の防止
② 故障の拡大緩和：自己制御性，固有の安全性（本質安全）
③ 事故への波及防止：フェイルセーフ，フールプルーフ，冗長設計，多様性
④ 事故の拡大緩和
⑤ 環境への影響緩和：避難

ところが，重大な事故を経験しないことが長く続くと（このこと自体は良いことであるが），低位のバリアで十分に効果があり，高位のバリアについての検討がおろそかになる恐れがある。そしてある日突然，何か小さな即発的なエラーが起こった途端に大きな事故に至ってしまう。これを「深層防護の誤謬」と呼んでおり，それをモデル化したものが「スイスチーズモデル」であると考えることができる[2]。

(3) 文脈のなかでの限定合理性と神の目から見た判断

認知工学や認知システム工学の分野では，人間について次のように見ている。人間は文脈（コンテキスト）のなかで考えているが，そこでは必ず時間制約と情報制約がある。人間はそのような制約のある文脈のなかで合理的に判断している（これを「文脈のなかでの限定合理性」と呼んでいる）が，それを外部から時間を十分にかけてあらゆる情報を集めて判断するとエラーあるいはそれに近いものであるとみなすことがある。したがって，これからの人間工学では，エラーを起こしやすい社会の文脈を見つけていく必要がある。つまり，エラーとは何かを分析するのではなく，エラーを起こす組織や社会の文脈を分析する方向に考えかたが変わってきている。しかし，これは難しい。なぜなら，こういう問題は，エラーの内容に係るものしか基本的には扱わない人間工学の範囲を超えているからである。しかし現在は，安全と環境要素との関連性の視

点で個人や組織のエラーを分析していかないと対策に結びつかない時代になってきている。

(4) 不安全行為の分類

「不安全行為」とは，基本的に「作業実施者」（現場担当者）による行為である。従来，人間工学では，「基本的エラータイプ」といわれる「スリップ」（行為のエラー），「ラプス」（記憶のエラー），「ミステイク」（判断のエラー）の 3 つの分類でエラーを分析してきた。これに 1 つ追加するとすれば，「バイオレーション」（違反）の一種として「規則逸脱」である。「規則逸脱」には，「日常的違反」（日常的に行っている違反），「合理化違反」（こちらのほうがより合理的ではないかと行う違反），「創意工夫違反」（効率を上げるために行う違反）がある。たとえば東海村 JCO 臨界事故は，効率向上を追求し，より良い製品をつくろうとして工夫を重ねた結果，臨界に至っており，創意工夫違反の典型といえる。ただ，これはそうした違反を許した組織（管理者）の側に問題がある。つまり，組織（管理者）としては，そのような創意工夫を受け入れ，より良いものとするためにシステムを変える，あるいは手順を変更するなど，リスクマネジメントの視点が必要だったと思われる。このように，組織（管理者）が安全かどうかをきちんと評価しない，あるいは違反を見逃がしていることも事故につながるわけであり，事故分析ではこうした組織管理のエラー（組織過誤）も考慮する必要がある。

(5) 組織過誤およびコミュニケーションエラーの分類

組織過誤を分析するには，現場担当者ではなく，管理者の行為を見ていく必要がある。エラー分析は，事故が起こった場合に，ターミノロジー（分類項目）に基づき分析をし，原因を特定して，統計的にどのようなエラーが多いかなどを解明するものである。エラー分析はターミノロジーで決まるともいえるが，従来，組織過誤に対するターミノロジーがなかったことから，「能力・経験不足（過失）」「注意力不足・看過（過失）」「努力不足・無責任（誤規則放置）（認識ある過失）」「怠慢・放置（不作為）（未必の故意）」および「意図的違反（隠蔽・規則改ざん)(故意)」という分類を筆者らなりに考えてみた[3]。人間工学は従来，過失の視点で分類しているので，最近の組織過誤を分析するには十分ではない。なお，この分類では,「過失」や「未必の故意」など刑法のキーワードに当たるものは何かもカッコ内に示した。

また, 組織過誤の原因としては, コミュニケーションの不足があるという見かたもある。筆者らは, 先の組織過誤の分類に加えて, このコミュニケーションエラーの分類を行うことにより, 組織過誤の全体像がつかめるのではないかと考えている。そこで, これについて,「指示・命令不足」「連絡不足」「報告不足」「確認不足」「公開不足」および「隠蔽(故意)」という分類項目をつくり分析しているが, 分析対象によっては分類項目の更なる追加が必要になってくると思われる。

(6) 組織事故と不祥事の定義

組織事故と不祥事の定義を以下に示すが，両者はよく似ている。しかし，組織事故が組織内部の問題であり，その原因は基本的に良かれと思い行動した(従来のエラーの考えかたに近い) ことの蓄積が結果的に組織を揺るがすまでに至るものである。これに対し，不祥事は倫理的問題を含んでいる (従来は背後要因だったが主要因となる) 点と社会的問題とみなされる点に相違がある。

- 組織事故の定義
  - 組織内部の要因で，組織を揺るがす規模まで拡大した事故
  - 安全問題 (善意の行為だがエラーとなる) との関連性が高い
- 不祥事の定義
  - 組織事故やイベントの原因やその対応あるいは外部対応に，道徳的・倫理的問題が含まれ，社会的問題にまで拡大した事象
  - セキュリティ問題 (本質的に悪意があると社会から指弾された) との関連性が高い

以下に，組織事故と不祥事の形態の分類とその事故例を示す。

【組織事故の形態】

以下の 2 つに大別できる。1 つは，従来から大規模な事故によく見られる傾

向であるが，組織としての技術レベルがシステムの複雑さや規模に比べて不十分であると判断されるタイプである。インドのボパール事故はその典型とでもいうべき事故であり，米国の技術を移転し，インドにおいて運用されていたが，前々から安全性に対する懸念が表明されていた。もう 1 つは，最近の事故や不祥事に顕著に見られるようになってきたが，組織として時間とともに安全文化が徐々に劣化することにより，ある日突然に大きな事故に至るタイプである。JCO 事故などはその典型であり，品質・経済性重視のなかでの長年における軽微な違反の蓄積が原因であり，この事故の分析には 20 年程度にわたる違反の積み重ねや意識の低下を分析する必要がある [4]。

① 技術レベルの問題（技術レベルが低い，あるいは技術と経済性のバランスが崩れる）
- チェルノブイリ事故：安全性原則無視の設計
- チャレンジャー号・コロンビア号事故：経済性重視設計，ノルマ重視，蓄積疲労
- みずほ銀行情報システムトラブル：情報システム統合の困難性認識の不足

② 長期の安全性（安全文化）の劣化（些細な違反の常習化や，人員や予算削減により現場に無理がかかる。当該事故はたまたま起こった氷山の一角と考えるべき）
- 信楽高原鐵道事故：誤出発検出装置を逆手にとって遅延を取り戻そうと強引に出発
- 雪印乳業食中毒事件（大阪工場）: HACCP 規定無視

【不祥事の形態】

不祥事の形態は，社会的立場にある責任者の緊急時の不作為から，内部の個人の問題，外部対応の不手際，組織としての虚偽の連鎖まで，4 種類に分類できそうである。

① 緊急時の不作為（事故やトラブルの後処理が，あまりに後手，ふがいない）
- 阪神・淡路大震災での村山富市総理大臣：不作為

- えひめ丸事故での森喜朗総理大臣：重要性認識欠如
- 農林水産省・厚生労働省の狂牛病対策不備：重要性認識欠如，不作為

② 行動自体が非道徳的（特定個人の不適切な行為や犯罪的行為が，組織を壊滅状態に導く）

- 大和証券：海外の1人のトレーダーによる犯罪的取引
- 石川銀行，三越：オーナー社長の乱脈経営
- 外務省の公金流用：経済原則無理解の組織内の個人

③ 外部対応の不手際（幹部の社会的意識の低さ）

- フォード・ピント車の懲罰賠償：人間の価値を金銭換算
- 雪印乳業の社長対応：社内連絡体制，危機管理の欠如

④ 虚偽の連鎖（幹部が組織防衛のために小さな問題を秘匿し，嘘を重ねる）

- 三菱ふそう・三菱自動車工業のリコール隠蔽：技術優先体質
- 東京電力の自主点検記録不正問題：規制と安全性との矛盾
- ミドリ十字の非加熱製剤問題：既得権益確保

(7) リスクマネジメントによる組織事故分析

安全に関しては，図3-2に示した「安全管理」（リスクマネジメント）の意識が必要ではないかと考える。要するに，まず事故を予防することが大切，それでも事故が起こってしまったらそれを何とか収める。その後，元の状態に復旧し，そして最も大切なことは今後の対策をとるということである。そのためには「ハザード管理」（事故予防）と「危機管理」（クライシスマネジメント）の両方が必要である。これは深層防護の考えかたとまったく同じである[4]。

ここで実施する内容は，リスクマネジメントの観点から，基本となるヒューマンエラーはもちろんとして，最近とくに重要視されている「組織事故」や「不祥事」も分析し，対策立案することである。従来のエラー分析と同様に，背景・環境，社会性，組織の問題，個人の人間性の分析は当然実施すべきであるが，リスクマネジメントの観点からは，図5-1に示す項目の分析に重点を置き，対策提言まで実施することが望まれる[5]。

図 5-1 に我々が開発した組織事故階層モデルを示す。組織事故階層モデルとは，組織事故や不祥事をどのように防ぎ，起こった場合にいかに対応するかを考え，そのなかに分析に必要なリスクマネジメントの観点から抽出されたキーワードを入れたものである。このモデルでは，基底となる組織風土の上に品質保証体制があり，その上に実際の組織活動がある。組織風土では，外部監視の目が行き届いているかが問題となり，品質保証体制では，組織内の意識の大切さや，組織としての管理制度の必要性が問題となる。そして，分析のためのキーワードは，モラール，モチベーションや CSR 意識はどうか，そうしたものが企業研修のなかに盛り込まれているか，さらに従業員教育訓練や技術力はどうなっているかなどである。このようなキーワードで組織事故や不祥事を分析し，対応や対策について提言しているわけである。最近の問題は技術に関することよりも組織に関することがほとんどであり，技術的事項に関して責任を有

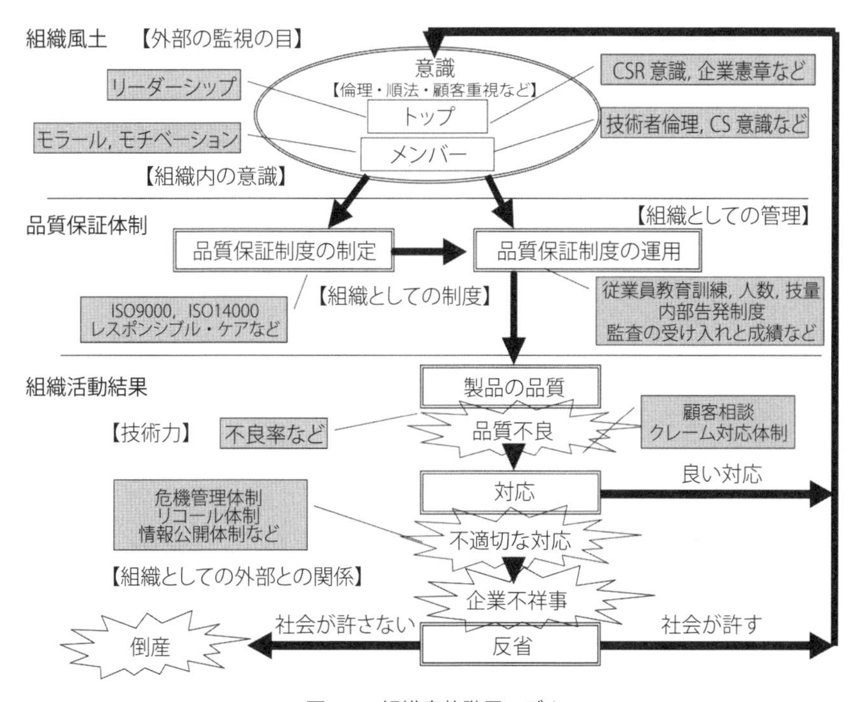

図 5-1　組織事故階層モデル

する品質保証担当者が組織の上層部に具申しても伝わらない可能性があるという課題がある。

- 外部の監視の目：行政，規制，法，規格など組織の外から社会的に監視する枠組み。
    - 合理性（維持基準），規範規制，リスクに基づく規制，PL 法，ISO シリーズ（品質保証，安全，環境など），HACCP など
- 組織内の意識：インタビュー，アンケート，社内報などにより判定可能。組織としての制度，管理との比較で評価。
    - トップの意識，企業倫理意識，技術者倫理のレベル，リスク認識のレベル，安全教育訓練，組織・安全文化
- 組織としての管理：文書とその内容の有効性により判定可能。制度の運用方針。
    - リスクマネジメント・生産管理・品質保証・安全管理・危機管理綱領，内部監査制度，内部告発制度，事故報告システム，安全マニュアル／チェックリスト
- 組織としての制度：文書あるいは組織の有無とその内容の有効性により判定可能。体制の一貫性。
    - 生産管理・品質保証・安全管理・リスクマネジメント・環境管理体制
- 技術力：技術系の組織では，この観点が重要。
    - トップの技術知識不足，トップと技術者の間の理解の齟齬
    - 安全管理担当者，技術者層，現場担当者の技術力不足，人数不足
- 組織としての外部との関係：文書の有無とその内容の有効性により判定可能。
    - 関連会社・外注会社・派遣会社とのリスクマネジメントの取り決め，組織間協定やコミュニケーションの取り決め，外部監査制度，情報公開・アカウンタビリティ，地元との協定，行動憲章／企業倫理綱領／ CSR ／コンプライアンス，組織事故・不祥事後の組織的な対応方針

(8) エラー分析を考えるためのモデル

表5-1に，エラーや故障から学ぶ3段階のフィードバックループを示す[4]。さまざまなレベルの分析があり，それを組み合わせて，ボトムアップの体感とトップダウンの全体理解の相互作用が分析を成功させる上で大切である。左端の解析のループが根本原因分析に相当する。

表5-1　エラーや故障から学ぶ3段階のフィードバックループ

	解析のループ	統計のループ	解析と統合のループ
評価方法	個別事象に対する根本原因分析（臨床医学）	故障統計（頻度分析）による傾向評価（社会医学）	リスク解析による統合システムのバランスの評価（人間ドック）
対策	直接的な改善	故障の特徴に応じた改善	安全上クリティカルな個所の改善 総合安全の向上
フィードバックの対象	類似システムへの適用性大	類似システムへの適用性有	個別システム
フィードバックの規模	局所的・限定的	中規模	システム全体

エラー分析における対象の人員と範囲で考えた4種類の分類を表5-2に示す。左側が従来のエラー分析に相当し，右側に行くほど組織事故の分析のレベルになってきており，いわゆる根本原因分析が困難となる領域となっている。

表5-2　エラー分析における対象の人員と範囲

対象の要因	作業者	管理者	組織	個人あるいは組織
分析するエラーモード	ヒューマンエラー	管理エラー	組織事故	不祥事
対象範囲	ハード，ソフト	個人，環境，部門	全社，社会	全社，社会
防止対策	自社へのフィードバック			他社事例の模擬シミュレーション
備考			根本原因分析は適用不可	根本原因分析は適用不可

参考文献

[1] 氏田博士「安全・安心を実現する専門家・組織・社会のあり方（安全と信頼とリスク：安全・安心な社会を目指して）」信頼性学会誌，Vol.26，No.6，2004.

[2] Reason, J. "Managing the Risks of Organizational Accidents" Ashgate, 1997.

[3] 氏田博士「組織事故・不祥事への展開の方法について」（企画セッション「エラーマネジメント」へのアプローチ 4），日本人間工学会関東支部第 36 回大会，早稲田大学理工学部，2006.

[4] 柚原直弘／氏田博士『システム安全学』海文堂出版，2015.

[5] 中村誠「エラーマネジメントプロセスモデルを用いた組織事故・不祥事の分析」（企画セッション「エラーマネジメント」へのアプローチ 3），日本人間工学会関東支部第 36 回大会，早稲田大学理工学部，2006.

5.2　組織事故の分析事例

リスクマネジメントの観点から次に示す 9 つの事例について要因分析を実施した。対象とした事例は，情報が公開されている事例のなかから選択した。なお，「不祥事：緊急時の不作為と行動自体が非道徳的」については個人の思考内容について公開されている適切な情報が得られないため，今回の分析では除外した。

i. 雪印食品・日本フード・日本食品牛肉偽装事件（不祥事：虚偽の連鎖）
ii. 雪印乳業食中毒事件（組織事故：技術レベルの問題，長期の安全性の劣化／不祥事／外部対応の不手際）
iii. みずほ銀行情報システムトラブル（組織事故：技術レベルの問題）
iv. JCO 臨界事故（組織事故：長期の安全性の劣化）
v. 東京電力自主点検記録不正（不祥事：虚偽の連鎖）
vi. 東京電力原子炉格納容器漏洩率検査での不正操作（不祥事：虚偽の連鎖）
vii. 信楽高原鐵道列車衝突事故（組織事故：長期の安全性の劣化）
viii. 関西電力美浜発電所 3 号機二次系配管破損事故（組織事故：長期の安全性の劣化）
ix. JR 西日本福知山線脱線事故（組織事故：長期の安全性の劣化）

背後要因は公開されている資料をベースにして抽出したが，資料から読み取れるものはコメントをつけて抽出している。背後要因は，図 5.1 に示した「外部の監視の目」「組織内の意識」「組織としての管理」「組織としての制度」「技術力」「組織としての外部との関係」を使用した。

ⅰ．雪印食品・日本フード・日本食品牛肉偽装事件

（1）概要

BSE（牛海綿状脳症）関連対策の 1 つである国産牛肉買い取り事業（牛肉在庫保管・処分事業）において，助成金を得るために，輸入牛肉の国産牛肉への偽装が行われた。その結果，雪印食品は解散に追い込まれた。

事件発生の経緯

年月日	雪印食品	日本フード・日本食品
H13.9.10	農水省：「BSE の疑いのある牛を発見」と発表	
10.26	農水省：BSE 全頭検査開始前に解体した牛肉の買い取り制度の要領まとめる	
10.29	農水省：業界団体からの要望により在庫証明書だけで買い上げ可能に要領変更	
10.29		日本フード姫路：偽装工作
10.31	輸入肉を国産用の箱に詰め替え偽装（関西ミートセンター）	
11.1		日本フード姫路・徳島：偽装工作
11.3～4		日本食品：輸入牛アキレス腱偽装
H14.1.23	偽装発覚：報道機関の問い合わせ	
1.28	国産牛肉産地偽装が発覚（北海道産を熊本産に偽装）	
1.29	関東ミートセンターの偽装発覚 社長：引責辞任	
2. 初		農水省の指示による社内調査で日本フード姫路・徳島の偽装確認
2.22	会社解散の方針決定	
4.30	雪印食品解散	
7.30		偽装牛肉焼却が発覚
8.20		日本ハム社長降格・会長辞任

また，外国産肉を国内産，銘柄産と偽ったり，品質保証期限を偽ったり，JAS違反の表示偽装が多数発覚した。

(2) 背後要因

【外部の監視の目】

- 虚偽表示の取り締まり不足（規制方針）
- 由来がわかりにくく，透明性に欠ける商品形態（規制方針）
  流通過程で商品形態が変化する。
- 業界団体との調整を重視した食肉行政（行政方針）
  業界団体からの要望により牛肉買い取り条件を安易に変更した。
- 業界として偽装が常習化（社会の監視の目）

【組織内の意識】

- 「懲戒免職を覚悟」で違反をするという従業員の意識（技術者倫理のレベル）
  デリカハム・ミート事業本部付の元部長は，部下の反対を押し切り，幹部社員だけで偽装牛肉を搬送したという事実もある。
- 社会的公正さより目先の利益を優先させる風土（トップの意識，組織文化）
  売り上げや収益の追求が強すぎ，順法意識が希薄化していた。
- 消費者軽視という甘えの意識（組織文化）
  「もしこのことがわかっても，だれにも迷惑をかけない。大した問題にはならない」「ばれないと思った」「ブランド品に地名をうたっても，必ずしも原材料にその原産地の肉を使わなくてもよい」などの発言がある。

【組織としての管理】

- HACCP での作業手順，作業内容など，ソフト面での取り組みが貧弱（リスクマネジメント綱領）
- 事業部制の分権化による他部門・社外への閉鎖体質（社内広報：意識の

共有化）

- 危機管理綱領が定められていない（危機管理綱領）
  報告を受けた管理者は発覚した場合の影響の大きさを恐れ，対応を誤った。
- 雪印食品で内部調査を実施したが，保管会社作成の入出荷伝票をチェックせず，把握できなかった（内部監査制度）
- 業者からの告発により発覚（内部告発制度）

【組織としての制度】

- 不正防止のチェック体制などの構造的な不備（リスクマネジメント体制）
- コンプライアンスに関する行動指針がない（リスクマネジメント体制）

【技術力】

- 役員の表示制度に対する認識不足（トップの知識不足）

【組織としての外部との関係】

- 関係会社への過大な圧力（関連会社との関係）
  関西ミートセンターの牛肉詰め替えが行われた西宮冷蔵の社長は「お得意様なので断れなかった」と語っている。

(3) コメント

国産牛肉買い取り制度の要綱がまとめられたとほぼ同時に偽装工作が行われている。その背景には，消費者軽視，収益優先という業界特有の文化が存在していると思われる。また，事件の発覚は関係者の告発によるものであった。

(4) 教訓

- 些細な違反を放置しておくと全体のモラルが低下するという典型的な例である。
- 食肉流通問題調査検討委員会では，食品の製造・流通過程の衛生管理にHACCP を使用しているが，ハード面だけでなく，作業手順の遵守，作業内容の記載など，ソフト面の取り組みが必要である。作業規則の遵守をどのように監視するかという問題は他分野でも共通している。

出典

［1］岡本浩一／今野裕之『リスク・マネジメントの心理学』新曜社，2003.
［2］農林水産省「食肉流通問題調査検討委員会報告」平成 15 年 6 月 18 日.

ii．雪印乳業食中毒事件

(1) 概要

雪印乳業大樹工場での停電事故に起因する一連のトラブルにより，黄色ブドウ球菌の毒素エンテロトキシンが混入した脱脂粉乳が生産された。その原材料を使用して生産された大阪工場製の乳製品を飲食した人のうち，1 万 3000 人

事件発生の経緯

H12.6.27	雪印乳業大阪工場製造の低脂肪乳による食中毒発生の情報が大阪市，雪印に入り，大阪市は回収命令を出した
6.28	大阪市：同工場立ち入り検査
6.29	大阪市：患者を公表，雪印：大阪工場低脂肪乳製造停止，自主回収開始
6.30	飲み残し低脂肪乳からエンテロトキシンを検出
7.4	大阪市：「毎日骨太」「雪印カルパワー」にも回収命令
7.5	発症者 1 万人突破
7.11	雪印：全国 21 工場の操業停止を発表
7.14	厚生省：大阪工場の HACCP 承認取り消し
7.19	厚生省：20 工場の立ち入り調査開始
8.2	厚生省：大阪工場を除く 20 工場に「安全宣言」
8.18	大阪市：大樹工場製造の脱脂粉乳からエンテロトキシンの検出を発表
8.19	北海道：大樹工場立ち入り検査
8.23	北海道：製造過程の停電が原因と発表，大樹工場無期限の営業停止，製品回収命令
9.20	原因究明合同専門家会議：主原因は大樹工場の脱脂粉乳と中間報告
12.20	専門家会議：最終報告，被害者 1 万 3420 人

以上の食中毒患者が発生した。この事件により，雪印乳業は乳製品分野から撤退することになった。

また，事故原因の調査の過程で，大阪工場での総合食品衛生管理製造過程（HACCP）での規定無視が判明し，HACCP 承認が取り消され，同工場は閉鎖に追い込まれた。

(2) 背後要因

背後要因を次の 3 つの事象について検討する。

- 毒素を含んだ脱脂粉乳の出荷（大樹工場）
- 安全規則違反（大阪工場）
- 被害の拡大，回収措置の遅れ（西日本本社）

1) 毒素を含んだ脱脂粉乳の出荷（大樹工場）

事件の直接の原因は，大樹工場での停電により，黄色ブドウ球菌毒素が増殖し，毒素を含んだ脱脂粉乳が各工場に発送され，使用されたことである。この経緯を以下に示す。

- 大樹工場で，3 月 31 日に，工場内電気室の屋根に氷柱が落下し，氷柱の溶解水浸入により，工場構内全体で停電した（11 時から 14 時まで約 3 時間）。
- 復旧作業のために 18 時 51 分から 19 時 44 分まで約 1 時間停電した。
- 停電時に生乳は，クリーム分離，冷却の過程にあり，20～50°C に加温された状態で約 4 時間停滞し，低温のライン貯乳タンクに送られた。
- ライン貯乳タンク内のライン乳冷却用の冷却器が停電により停止し，再作動まで 9 時間以上冷却されずに放置されていた。原料が加熱された状態で長時間放置されていたことにより，黄色ブドウ球菌が増殖した。
- 停電復旧後，再開準備のために分離器の洗浄を行ったが，「本来ライン外に放出」すべき毒素を含んだ原料と洗浄水が，「停電時の混乱の中での操作ミス」により，製造過程に回された。
- 4 月 1 日に脱脂粉乳が製造され，2 日に充填梱包（830 袋）された。

- 大樹工場の自主検査により，一般菌が社内規定以下であった450袋を出荷した。
- 社内規定以上の380袋は，10日製造の脱脂粉乳の原料として再使用された。再利用は「再利用後に（過熱により）再び殺菌される」との判断（工場幹部）により行われたが，「菌は死んでもエンテロトキシンは残る」という食品衛生学の基本を「現場では必ずしも承知していなかった」（支店長）。
- 4月10日に製造された脱脂粉乳が，14日に大阪工場，神戸工場，福岡工場などに出荷された。
- 大阪工場でこの原料を使用し，製造した低脂肪乳やヨーグルトを飲用した人たちが食中毒になった。他の工場の製品は，他の原料とブレンドされていたため，毒素が薄められ患者が発生しなかった。

【外部の監視の目】

- 食品衛生法でエンテロトキシンは「危害」原因物質の指定がない（規制方針）

  食品衛生法，厚生省令で，食品衛生上の「危害」となる原因物質に指定されておらず，汚染されていても検査や被害が起こらない対策をする義務がなかった。

【組織内の意識】

- 社内規定以上の毒素を含む原料を再使用した（リスク認識のレベル）
- 安全知識の欠如：過熱により菌は死んでも毒素は残るという知識がない（安全教育訓練）
- 規定不遵守の常習化（安全文化）

【組織としての管理】

- 氷柱落下により停電し，ライン内で原料が長時間過熱された状態で放置された（品質保証綱領）
- 洗浄後，排出すべき原料，洗浄水がラインに混入した（品質保証綱領）

- 異常時操作マニュアルの不備（安全マニュアルなど）

2）安全規則違反（大阪工場）

大阪工場では以下に示す違反が行われていた。

- 申請外のラインを「仮設」で利用していた（HACCP 違反）
- 原材料の記録がなかった（HACCP 違反）
- タンク内の温度管理が申請に違反した温度になっていた（HACCP 違反）
- 製造ラインのバルブ洗浄が規定どおりに行われなかった（社内規則違反）
- 製造過程で発生する残乳を仮設ホースでタンクに還流していた（社内規則違反）
- 品質保持期限を改ざんしていた
- 品質保持期限を確認せずに製品化された乳製品を再使用した
- 返品の開封作業を屋外で行っていた
- 「帳簿外」の脱脂粉乳が常時保管されていた，他

【外部の監視の目】

- 低脂肪乳再利用の基準があいまい（規制方針）

  当初，厚生省は原則として「10 °C 以内で保管し，品質保持期限以内であれば再利用してよい」としていたが，事故発生後に食品衛生法違反と強調した。
- HACCP 現地調査方法の不備（規格体系）

  HACCP 承認時の現地調査が厚生省担当者，都道府県食品衛生監視員だけで行われ，品質担当者が参加していない。
- HACCP では製造ラインの適正製造基準，衛生管理作業標準などの整備状況だけを審査（規格体系）

  申請段階で組み込まれていないラインを「仮設」で利用したり，義務付けられている原材料の記録もなく，実態は申請と大きく異なり，形骸化していた。定期的な現場チェックが必要である。
- 供給過多の市場，消費者の「鮮度志向」（社会の監視の目）

加工乳の売れ行きが週末や晴天日に2～3割程度増加し，量販店の急な注文に対応できなければ他のメーカーに乗り換えられるという傾向がある。また，消費者の「鮮度志向」により生産日から3日過ぎると回収しなければならないという事情により，つねに供給過多の傾向にあった。

【組織内の意識】

- 安全性・規則遵守に対する認識不足（技術者倫理のレベル）
- 衛生管理意識の欠如（安全教育訓練）
- 内部規定を組織ぐるみで恒常的に無視していた（組織文化）
- 安全より作業効率を優先する社内風土（組織文化）

【組織としての管理】

- 食品製造に関するすべての工程がHACCPで管理されていない（リスクマネジメント綱領）

  大阪工場ではHACCPを導入していたが，原料となる脱脂粉乳を納入している大樹工場は承認を受けていなかった。
- 品質管理，安全管理が形骸化していた（品質管理綱領・安全管理綱領）

  品質保持期限の改ざん，帳簿外の脱脂粉乳を常時保持，仮設ホースの使用など。
- 安全マニュアルの実質的な不備（安全マニュアルなど）

  安全重視よりも作業効率を上げるための「裏マニュアル」が常態化していた。

【組織としての制度】

- リスクマネジメント体制が不備（リスクマネジメント体制）

【その他】

- 価格競争の激化（社会的要因）

  平成1～5年頃は1リットル当たり200～203円していた販売価格が，平成8年には195円に低下した。

3）被害の拡大，回収措置の遅れ（西日本本社）

汚染された低脂肪乳の回収遅れや公衆への公表が遅れたため，被害が拡大した。

- 汚染低脂肪乳の回収遅れ
- ラインを共用した製品の回収遅れ
- 公表の遅れ
- その他

【組織内の意識】

- 原因追究を優先し，消費者第一という考えが不足（組織文化）
- 社会的責任感の欠如（組織文化）

【組織としての管理】

- 社内で情報が一元化されていない（事故報告システム）

  エリア別事業本部制を採用しているため，人事交流がほとんどなく，情報が一元化されていなかった。

【組織としての制度】

- 危機管理体制の不備（リスクマネジメント体制）
- 緊急時の社内連絡体制の不備（リスクマネジメント体制）

  6 月 27 日の午前に西日本支社で食中毒の発生を認識，社長に報告されたのが 6 月 29 日の午前であり，その後公表された。

【技術力】

- 経営トップに技術的内容を知っている人がいない（トップの知識不足）

【組織としての外部との関係】

- 説明責任の不足（情報公開）

  「俺は寝てないんだ」という社長の発言。

(3) コメント

氷柱落下による停電事故が起因となって発生した毒素が製品に混入し食中毒が発生したが，その後の対応の遅れにより被害が拡大した。組織的な対応が必要な緊急事態発生時の初期の対応が重要であることを示した事例である。

また，品質安全管理に HACCP を導入しているが，実際の運用が上手く機能していなかった。

(4) 教訓

- 作業効率改善のために設備・手順を変更するときには，安全の観点からの検討が必須である。
- 他業界でも ISO を導入しているが，形式化しないような現場に即した管理を確立する必要がある。
- 組織的な対応を必要とする緊急事態発生時の初期対応が重要である。

出典

[1] 雪印食中毒事件厚生省・大阪市原因究明合同専門家会議「雪印乳業食中毒事件の原因究明調査結果について」平成 12 年 12 月 20 日.
[2] 産経新聞取材班『ブランドはなぜ堕ちたか』角川書店，2001.
[3] 清水克彦『社会的責任マネジメント』共立出版，2004.
[4] 佐々淳行『重大事故に学ぶ「危機管理」』文藝春秋，2004.

iii. みずほ銀行情報システムトラブル

(1) 概要

第一勧業銀行，富士銀行，日本興業銀行の 3 行の統合作業が遅れて情報システムのテストが十分にできずに，見切り発車した。その結果，2002（平成 14）年 4 月 1 日を中心として ATM 障害が生じ，継続的に口座振替や送金のトラブルが発生した。

トラブル発生の経緯

H11.9	本格的に統合作業を開始
H12.11	第一勧銀システムへの一本化は平成 15 年以降に見送り，リレーコンピュータで接続する方針に変更
H14.4.1	処理滞りのため，0 時から開始する予定の稼動確認できず
7 時	口座振替の終了を待たず，勘定系システム全体を稼動
8 時	勘定系システム利用開始 対外接続系システムのトラブルで旧富士銀の勘定系システムが旧第一勧銀の勘定系システムなどから切り離され孤立 → ATM，デビットカードサービスなどの障害が発生
～ 4.5	口座振替処理の遅れが連続的に発生
4.8	ATM の一部で約 1 時間半の間，一部の処理が取り扱い不能に

（2）背後要因

このトラブルの引き金となったのはシステムの水準確保が不十分なまま運用開始したことであるが，その背景には，トップとシステム部門の各々において以下の問題があった。

- トップの問題
  - 無理なシステム統合計画を立案
  - どこのシステムを使うかについてのリーダーシップ不足
  - 問題が指摘されていたにもかかわらず，統合計画変更せず
- システム部門の問題
  - 主導権争いでシステム開発停滞
  - 各種テストやリハーサルなどの事前準備が十分でなかった

背後要因を以下に示す。

【組織内の意識】

- 業務要件など，さまざまな事項に関する経営陣の意思決定の遅れ（トップの意識）
- システム開発部門のシステムに対するリスク認識・評価不十分（リスク

認識のレベル）
- オペレーショナルリスクの重要性についての関係役職員への徹底不十分（リスクマネジメント意識）
- 統合銀行間の競争意識（組織文化／安全文化）
- 報・連・相の欠如（組織文化／安全文化）

【組織としての管理】
- 情報システムのテストをせずに運用に入った（品質保証綱領）
- 内部監査で問題点を指摘できず（統合準備の過程におけるシステム統合リスクの重要度認識が不十分）（内部監査制度）

【組織としての制度】
- プロジェクトマネージャーの不在（生産管理体制）
- 統合準備段階で経営陣に報告されるべきであった重要情報がシステム部門内に留まり，適切な組織的対処が行われなかった（リスクマネジメント体制）

【技術力】
- トップがシステムに理解なく，現場に丸投げ（トップの技術知識不足）
- トップダウン断行の必要性の認識不足（トップの技術知識不足）
  リスク認識が甘く，統合の戦略なし。
- 開発時間不足（トップの技術知識不足）
- 開発費用不足（トップの技術知識不足）
  みずほコーポレート銀行対応に開発費用が消費され，みずほ銀行対応にあまり回らなかった。

【組織としての外部との関係】
- 障害発生以降の対応において，情報開示の迅速性・正確性を欠いた（外部への安全メッセージ発信）

【その他】

- 3 行が持つ多数のシステムを 2 行に統合するという，極めて難度の高い開発プロジェクトであった

(3) コメント

3 行が勝ち負けのない同レベルで合併したことが，トップと現場各々における主導権争いにつながり，このシステム開発をさらに難しいものにしている。

(4) 教訓

合併などに伴うシステム開発プロジェクトについては，トップはそのリスクを十分理解した上で，責任者を明確にするとともに，十分な資源（時間，人，費用）を確保する必要がある。

出典

［1］日経コンピュータ編『システム障害はなぜ起きたか』日経 BP 出版センター，2002.
［2］須田慎一郎『巨大銀行沈没』新潮社，2003.
［3］神山卓也「みずほ銀行のシステムトラブル発生メカニズムの事例研究―システムと経営の両面から―」，オフィス・オートメーション，Vol.23，No.2，2002.

iv．JCO 臨界事故

(1) 概要

1999（平成 11）年 9 月 30 日，ウランの溶液製造工程において，作業員が手順書を逸脱して，形状制限されていない沈殿槽に，量的制限値をはるかに超えた量のウラン溶液を直接入れたことにより，臨界事故が発生した。この事故で作業員 2 名が亡くなるとともに，350 m 圏内の住民が避難し，10 km 圏内の自宅屋内退避勧告が出た。

事故発生の経緯

H11.9.10	第9次キャンペーン，高濃縮ウラン57kgの精製工程開始
9.29 午前	精製工程終了
昼休み	副長は製造部計画グループ員に，沈殿槽にウラン溶液をまとめて入れていいかを相談，賛同を得る
午後	溶液製造出荷工程開始 （4バッチ分の溶液を沈殿槽に入れたところで作業終了）
9.30　8時	作業再開（さらに3バッチ分の溶液を溶解）
10時15分	沈殿槽に投入し始めたところ，7バッチ目で臨界

（2）背後要因

この事故の引き金となったのは約16kgのウランを沈殿槽に投入したことであったが，その背景には，当該工程においておよそ10年にわたって行われていた，度重なる手順の違反がある。以下に経緯を示す。

- 1986年に初めてウラン溶液の製造が実施された
- 1989年に溶液製造工程に関する手順書が発行された
- 1990年の作業において，溶液製造出荷工程でSUSバケツを使用
- 1994年の作業以降，精製工程，溶液製造出荷工程の双方でSUSバケツを使用
- 1997年にSUSバケツを使用した手順書（裏マニュアル）が発行された
- 1999年（事故発生前日），溶液製造出荷工程に沈殿槽を使用することを考案

背後要因を以下に示す。

【外部の監視の目】

- 人手不足により保安規定遵守状況調査が行われなかった（規制方針）
- 運転専門官の巡視が転換試験棟の操業中に行われなかった（規制方針）
- 事業変更許可申請書に関して工程などの審議が適切に行われていなかった（規制方針）

- 安全審査指針が臨界事故に対処するための装置設置などの対策を義務付けていなかった（法体系）

【組織内の意識】

- 経営合理化による労働の質の低下（トップの意識）
  経営者が熟練者の減少や兼務の増加といった労働の質の低下による安全裕度の侵食を見過ごした。
- 専門設備未設置，事業許可条件を超える作業の受注（トップの意識）
- 倫理意識が徹底されず（企業倫理意識）
  安全専門委員会が違法作業を追認。
  技術系幹部や経営者も保安規定や手順書を逸脱した操業を黙認。
  隠蔽の主導者が昇進している。
- 違反・隠蔽がいたるところに（技術者倫理のレベル）
  低濃縮度の施設においても，工程違反，認可違反装置があった。
- 臨界になりやすい中濃縮ウラン水溶液に関する潜在的危険性の認識が欠如（リスク認識のレベル）
  臨界は起こりえないという思い込みがあった。
- 危機意識を醸成しない教育訓練体制（リスクマネジメント意識）
- 臨界に関する教育が形式的（安全教育訓練）
  危険を感知するために必要な知識が盛り込まれていない。
- 作業者独断の作業改善活動（組織文化／安全文化）
  生産性，作業性の向上を目的とした作業手順の変更が製造グループの作業者らの独断で行われており，管理職や安全管理グループのチェックを事実上受けていない。

【組織としての管理】

- 違反状態を解決するための取り組みがなかった（リスクマネジメント綱領）
  1987 年に事業所の施設全般についての法令違反の実情調査が行われ，事業所として工程違反，違反設備を把握し，1992 年に危機管理委員会を設置するなど，対処する機会はあったが，違反状態を解消するための努力がされなかった。

- 安全管理の視点を欠いた品質保証活動（安全管理綱領）
　日常業務の一部として組織的に活発に行われていたが，安全の視点が欠けていた。
- 設備面に偏った安全推進活動（安全管理綱領）
　一般労災を防止することに主眼が置かれていた。
- 内部監査制度の実効性に疑問あり（内部監査制度）
　作業実態と文書の不適合，保安規定からの逸脱などの指摘，改善がされていない。
- 安全管理のための手順書の不備（安全マニュアルなど）
　安全管理のための指示が現場に十分届いていなかった。

【組織としての制度】

- 核燃料取扱主任者や安全管理グループの現場の作業管理に対する権限不十分（安全管理体制）
- 保安規定遵守のための具体的手段の欠如（安全管理体制）
　保安規定には現場レベルの安全を管理・指示するルートが存在しない。
- 兼務による安全上重要な職位・部門の独立性やクロスチェックの形骸化（安全管理体制）
　事業所長と技術部長，製造部長と製造グループ長，品質保証グループ長と安全管理グループ長，計画グループ長と核燃料取扱主任者が兼務。
- 事故発生時の連絡体制が不明確（リスクマネジメント体制）
　科学技術庁への第一報は，事故から40分後のFAXでの報告，茨城県および東海村へはその約20分後であった。

【組織としての外部との関係】

- 顧客および親会社による外部監査はあったが機能しなかった（外部監査制度）
　文書の整備状況や整合性，製品の品質が主たる対象だった。

- リスク認識不足による地方自治体への連絡の遅れ（情報公開）

  科学技術庁への第一報は，事故から 40 分後の FAX での報告，茨城県および東海村へはその約 20 分後であった。

【その他】

- 作業を急いでいた

  10 月 1 日に新人が配属され，この新人に対して廃液処理作業を最初から教えたいという意識から，当該作業を急いでいた。

(3) コメント

品質管理や業務改善には熱心であったが，安全という視点が抜けており，そのために度重なるマニュアル改変やさらにその違反につながっている。組織としても，そういった状況を認識しながら黙認しており，リスクマネジメント意識が欠如しているとともに，リスクマネジメント体制が機能していない状況であったと考えられる。

(4) 教訓

長期間にわたる違反の蓄積が，ある時期に事故に結びついたという例である。このような違反を早いうちに見つけ，是正するための措置を考えておく必要がある。

出典

[1] 佐相邦英ほか「ウラン加工工場臨界事故に関するヒューマンファクター的分析（その 2）」電力中央研究所報告，2000.
[2] 日本原子力学会ヒューマン・マシン・システム研究部会 JCO 事故調査特別作業会「JCO 臨界事故におけるヒューマンファクター上の問題」，2000.
[3] 岡本浩一／今野裕之編著『リスク・マネジメントの心理学』新曜社，2003.

v．東京電力自主点検記録不正

(1) 概要

平成 12 年 7 月，米国 GE 子会社の元社員から通商産業省（当時）に，福島第一原子力発電所 1 号機の蒸気乾燥機にひび割れが発生していること，取り付け位置が異なっていることなどの情報が提供された。これを契機に内々に調査が進められていたが，調査過程においてさらなる情報の提供がなされ，平成 14 年 8 月末に原子力安全・保安院が 29 件に及ぶ調査案件を公表するに至った。

調査の結果，16 件に関しては問題を指摘すべき事案であるとの保安院評価が下された。これら 16 件には，ひびを発見したにもかかわらず検査記録に残さなかったり，事実と異なる記載を行ったり，発見日と報告日が著しく異なるなどの自主点検記録の不正がみられた。指摘された 16 件は，平成 5〜9 年に行われたシュラウドなど炉内構造物に対する自主点検において発生したものであった。

この結果，東京電力では原子力発電所全機運転停止となり，また規制側の再発防止策として電気事業者に対し「健全性評価」を義務付け，評価に使う判定基準として「維持基準」（日本機械学会の維持規格 2002）が導入された。

(2) 背後要因

【外部の監視の目】

- 新工法認可が長期化する傾向（行政方針）

  適用実績のない修理方法が国に認められるまでの期間が長期化する傾向にある。
- 国へのトラブル報告基準があいまい（規制方針）

  軽微なトラブルの届出の必要性が現場の判断に任されている。
- 自主点検の位置づけ，国の関与が不明確（規制方針）
- 維持基準の未整備（法体系）

  原子力発電設備の技術基準が設備新設時を前提にして定められている。

- トラブルに対する社会の厳しい目（社会の監視の目）
  原子力発電所のイメージを落としてはならないという強いプレッシャーがある。
- トラブルによる外部への影響の恐れ（社会の監視の目）

【組織内の意識】

- 現場補修部門社員の間違った責任感（技術者倫理のレベル）
  1 日停止すると数千万から 1 億円の損失が出るので，定期検査の工程を守ること，自分のところでは電気を止めないことが最大の使命と感じていた。
- 独善的な安全思想（リスク認識のレベル）
  専門家であるという自負により，独自の考えで安全と考えた。
- 小さなことはなかったことにするという風土（組織文化）
  国に対するトラブル報告を行うと，発電所停止期間が予定より長くなるという不安感がある。
- 小さな問題は現場で「何とかする」という風土（組織文化）
- 原子力部門だけの同質化された社会（組織文化）
  原子力部門だけの同質化された社会となり，自分の意見が言い出せない組織風土となった。

【組織としての管理】

- 組織間のコミュニケーション不足（リスクマネジメント綱領）
- 品質保証体制が十分に機能していない（品質保証綱領）
  点検対象や設備改善の要否の決定は他グループと協議することになっているが，限られた者で判断されるのが習慣化していた。
- 安全管理体制が十分に機能していない（安全管理綱領）
- 本社で定めた企業行動憲章などが周知されていない（社内広報）
- 経営トップや他部門による監査不十分（内部監査制度）
  原子力部門独自のテリトリーが形成され，外部が関与しにくい。
- 不具合情報内容の提供が担当グループの判断に任されている（事故報告

システム）

【組織としての外部との関係】

- 説明責任の認識不十分（情報公開）

  「安全性に問題がなければ報告しなくてもよい」という心理に引きずられて，地元自治体への情報提供に消極的な姿勢をとった。

(3) コメント

適切な「維持基準」をあらかじめ確立しておくことが重要であった。

(4) 教訓

風通しの良い職場，「報・連・相」の重要性など，改めて常識からの乖離を再認識させられた。

また，軽微な隠し事がその発覚を恐れてさらに大きな隠し事に発展するような事例も含まれていて，初期動作を誤ることの重大性を認識させられた。

出典

[1] 東京電力「当社原子力発電所の点検・補修作業に係る GE 社指摘事項に関する調査報告」平成 14 年 9 月 17 日.

[2] 原子力安全・保安院「原子力発電所における自主点検作業記録の不正等の問題についての中間報告」平成 14 年 10 月 1 日.

[3] 岡本浩一／今野裕之編著『リスク・マネジメントの心理学』新曜社，2003.

vi．東京電力原子炉格納容器漏洩率検査での不正操作

(1) 概要

平成 14 年 9 月末，マスコミへの情報提供を機に調査が開始された。平成 3 年（第 15 回），4 年（第 16 回）に福島第一原子力発電所 1 号機の当該検査（官庁立ち会い検査）において，漏洩率を低く抑えるために空気の注入などの不正操作が行われた。

第 15 回定期検査では，格納容器の昇圧を行ったが，格納容器内の圧力降下

が止まらなかった。総点検を行ったが漏洩箇所が特定できなかったため，主蒸気ラインに接続されている計装用圧縮空気の弁を開放して空気を注入し，検査官立ち会い検査を受検した。

また第 16 回定期検査では，昇圧中にラドウエスト系機器ドレン隔離弁からの漏洩が発見され，当該部に閉止板を挿入したが，圧力降下が止まらず，前年度と同様に空気が注入された。

本件は保安規定違反に問われ，1 年間の運転停止処分が下された。

(2) 背後要因

【外部の監視の目】

- 安全性に対する社会的非難への恐れ（社会の監視の目）

【組織内の意識】

- トラブルの影響の恐れ（技術者倫理のレベル）

  立ち会い検査が迫っているにもかかわらず，原因を特定できず，不合格となった場合の長時間の困難な作業を考え，応急処置として空気注入を行った。
- 現場補修部門社員の間違った責任感（技術者倫理のレベル）

  夏季の電力需要期を控え，電力の安定的な供給への対応を遅らせたくないという「思い」があった。
- 安全に対する独善的な判断（リスク認識のレベル）

  過去に冷却材喪失事故の発生事例はなく，発生確率も低い。漏洩率が悪くても安全に影響を及ぼさないという判断があった。

【組織としての管理】

- 不具合発生時の対応の不備（リスクマネジメント綱領）

  不具合が発生した後の，明確な対応がなされなかった。

【組織としての制度】

- 権限と責任が不明確（リスクマネジメント体制）

職務権限規程で定められている職務と，国が行う定期検査に係る業務遂行について個別的・具体的に定められている権限との関係が明確でない。

- 不具合情報がトップまで届かない（リスクマネジメント体制）

  現場での不具合が本社経営トップまで届いていなかった。

- 不具合の対策を講じる時間的余裕がなかった（生産管理体制）
- タイトな作業工程（生産管理体制）

  担当部署では，大型の改造・修理工事のほかトラブルが多く，業務量が増大して，繁忙感が増幅し，慎重で根気強い対処を欠いた。

(3) コメント

多くの要因が挙げられているが，検査合格基準が守られなくても安全上問題とは思わないという技術者の安全に対する独善的な判断がある限り，この種の不正再発の恐れを否定できない。悪法（厳しすぎる法も含む）を正常化する社会，遵法精神の確立など，根深い問題を抱えた事例といえよう。

(4) 教訓

- 監督官庁＞電力会社＞メーカー間に拭いきれない溝（合理的でない関係）のあることが表面化した。適正な相互関係の構築への気運が蠢動し始めた。（建前から実質的な適正化への壁を崩せるか）
- 「安全の確保」と「信頼関係の構築」がそろって初めて「安心」が生まれる。
- 自己過信を厳に慎み，「他に学ぶ」「失敗に学ぶ」謙虚さを忘れない風土の構築が必要。

出典

[1] 東京電力社外調査団「原子炉格納容器漏洩率試験に係る問題についての調査結果」平成 14 年 12 月.

[2] 東京電力「当社原子力発電所における自主点検作業にかかる不適切な取り扱い等に対する再発防止策の実施状況」平成 15 年 3 月.

vii．信楽高原鐵道列車衝突事故

(1) 概要

1991（平成 3）年 5 月 14 日（火）10 時 30 分，信楽行き JR の下り列車と貴生川行き信楽高原鐵道（SKR）の上り列車が正面衝突し，死者は JR 30 人，高原鐵道 12 人，負傷者は 614 人となる大事故が発生した。

事故発生の経緯

10 時 18 分	信楽行き JR の下り列車が，定刻より 2 分遅れて貴生川駅を発車した。
10 時 25 分	貴生川行き高原鐵道（SKR）の上り列車は，定刻より 11 分遅れて，信楽駅を赤信号のまま発車した。
10 時 27 分	JR 列車は小野谷信号場（待避箇所）に到着し，高原鐵道列車がいないことに気づいたが，信楽駅に止まっていると思い，また，信号は「青」を標示していたので通過した。
10 時 30 分	JR 列車と高原鐵道列車は正面衝突し，死者は JR30 人，高原鐵道 12 人，負傷者は 614 人となる大事故が発生した。

(2) 背後要因

【組織内の意識】

- 小野谷信号場に職員が到着するのを待たないで，信楽駅を赤信号のまま発車した（技術者倫理のレベル）
- 信号システム開発部門のシステムに対するリスク認識・評価不十分（リスク認識のレベル）
- システムへの過信，油断（対向信号が赤になると思っていた）（リスクマネジメント意識）
- 高原鐵道は，信号の専門家が補充されることなく，信号システムを理解している人は誰一人いない状態であった（安全教育訓練）
- 3 月に信号システムの説明会を信楽駅にて 2 回開催。しかしながら，内容を理解できた者はいなかった（安全教育訓練）
- JR 草津線から乗り入れる JR 列車の到着が遅れた場合に，JR は下り列車を優先させるため小野谷信号場の上り信号を「赤」にし続けることができる方向優先テコを JR 亀山 CTC センターに設置したが，高原鐵道側

には伝わっていなかった（双方の言い分は異なっている）（組織文化／安全文化）

【組織としての管理】

- 高原鐵道は，無認可でJRに連絡をとらずに，別の信号システム変更工事を行っていた（信楽駅信号「赤」の原因）（リスクマネジメント綱領）
- JRは，近畿運輸局への届出をせずに，方向優先テコを設置した（リスクマネジメント綱領）
- 信号システムの検証が不十分で，電気設備回路の誤配線をチェックすることができなかった（品質保証綱領）

【組織としての制度】

- 過去の同種のトラブル経験が教訓として活かされる体制となっていなかった（リスクマネジメント体制）
  5月3日10時14分発の貴生川行き上り列車でも同じように，「青」信号にならず，定刻より10分遅れて「赤」信号のまま発車。そのときは，対向列車の信号を強制的に「赤」にする誤出発検知装置が正常に作動し，小野谷信号場の下り信号は「赤」になっており，衝突事故は避けられた。

【技術力】

- 事故当時の常勤職員は20人で，鉄道関係職員は17人であった。増員もされず，信号の専門家が補充されることもなく，社内には信号システムのことを正確に理解できる人は誰一人いないような状態であった（トップと技術者の間の理解の齟齬）

【組織としての外部との関係】

- 信号システムや行き違い場所の小野谷信号場が，輸送力増強のために新設された。高原鐵道は信楽駅と小野谷信号場，JRは貴生川駅と亀山CTCセンターの信号システム工事を受け持ち，別々の業者に発注した（外注会社との関係）

【その他】

- 高原鐵道は，国鉄分割民営化時に滋賀県や信楽町などが株主となり，1987 年に第三セクターとして発足した
- 近畿運輸局係官が春の交通安全運動の一環として昼前に信楽駅を査察の予定
- 4 月 20 日から世界陶芸祭が滋賀県立陶芸の森で開催中（列車内，駅構内は混雑）
- 世界陶芸祭開催中は，それまでは 1 日 15.5 往復だったのが，JR の乗り入れも含めて 1 日 26 往復に増便された
- 信楽駅構内の電気設備回路の誤配線（小野谷信号場信号「青」の原因）
- ダイヤ遵守への焦り，重圧

(3) コメント

ハード側（信号システム）の設計，施工が確実に行われていたら，今回の事故は起こらなかったかも知れない。しかしながら，ハードの欠陥や故障はありうるものとすると，それらをカバーするのは人間であり，システム異常に対して的確に対処すれば，それらを防ぐことができるのも人間である。組織に着目した背後要因を上記のように整理したが，そこには整理しきれない「その他」の要因が，人間の PSF（行動形成因子）となってエラーを誘発している。そういう意味で，「その他」要因には重みがあるように感じる。

(4) 教訓

ルール違反をしてもトラブルに至ることもなく，かつルールを守るよりも仕事が効率よく進められたという成功体験があると，次回も大丈夫だと思って安心してしまう。

出典

［1］京都新聞ホームページ http://kyoto-np.co.jp/kp/special/shigaraki（現時点では閲覧できない）

viii. 関西電力美浜発電所３号機二次系配管破損事故

(1) 概要

2004（平成 16）年 8 月 9 日に復水配管が破損し，そこから噴出した高温蒸気により第 21 回定期検査の準備作業を実施していた作業員 11 名のうち 5 名が死亡し，6 名が負傷する事故が発生した。

事故発生の経緯

15 時 22 分	火災報知器が動作した
15 時 25 分	運転員がタービン建屋に蒸気の充満を確認した
15 時 26 分	緊急負荷降下を開始した
15 時 27 分	タービン建屋に入った運転員が，2 階エレベーター前で倒れている被災者を発見，救急車の出動を要請し，救急活動を開始した
15 時 28 分	原子炉が自動停止した

復水配管破断部の肉厚測定が実施されず，減肉状態が確認されないまま破断に至った事故である。肉厚測定が実施されなかった経緯を以下に示す。

- 1990 年 5 月に関西電力は「2 次系配管肉厚の管理指針（PWR 管理指針）」を策定し，6 月以降，メーカーは PWR 管理指針に基づきスケルトン図（配管鳥瞰図）から配管肉厚測定点検台帳を作成した。このときに，42 箇所の登録漏れが発生した。
- 1991～1995 年にかけてメーカーは 10 箇所の登録漏れを発見し，スケルトン図を修正したが，関西電力への登録漏れの連絡はなかった。
- 1996 年，メーカーから協力会社へ二次系配管肉厚管理業務を移管したが，この時点で 32 箇所の登録漏れがそのまま引き継がれることになった。
- 1997 年以降，協力会社は 17 箇所の登録漏れを発見し，スケルトン図を修正したが，一部を除いて関西電力への連絡はなかった。
- 2003 年 4 月に協力会社は当該箇所の漏れに気づき，スケルトン図を修正したが，関西電力への連絡はなかった。

- 2003 年 11 月に協力会社は美浜 3 号機第 21 回定期検査（2004 年 8 月 14 日～）に向け，当該箇所を含む点検対象箇所リストを関西電力に提出したが，登録漏れの関西電力への連絡はなかった。
- 1990 年 6 月以降，メーカーから提出された点検台帳の漏れを関西電力は見つけることができなかった。
- 1997 年，協力会社は関西電力高浜発電所 3 号機で当該同一部位の減肉傾向が見られたことから，高浜 4 号機の当該同一部位の減肉状況を調査した結果，登録漏れを発見し，関西電力へ連絡した。関西電力は至近の定期検査で点検を実施したが，美浜および大飯発電所への水平展開を行わなかった。
- 2004 年 7 月に大飯発電所 1 号機での減肉トラブルを受けて，関西電力の全発電所で追加点検すべき箇所を抽出することとし，その作業中に美浜 3 号機の当該箇所を未点検箇所として抽出したが，次回定期検査で点検する計画であることを確認した。

(2) 背後要因

【組織内の意識】

- 事故調査の過程で PWR 管理指針の不適切な運用により，配管取り替えを先送りしていたことが判明した（技術者倫理のレベル）

【組織としての制度】

- メーカーから提出された点検台帳の漏れを関西電力は見つけることができなかった（品質保証体制）
- 登録漏れを他サイトへ水平展開しなかった（品質保証体制）

【技術力】

- PWR 管理指針の不適切な運用については，関西電力とメーカーが協議して技術的に問題ないとの判断を下したが，技術基準などの解釈力が不十分であった

【組織としての外部との関係】

- メーカー・協力会社は配管肉厚測定点検台帳の登録漏れを発見したが，関西電力に連絡しなかった（外注会社との関係）
- メーカーから協力会社への業務移管時に登録漏れがそのまま引き継がれた（外注会社との関係）

(3) コメント

電力会社，メーカー，協力会社間の風通しの悪さと，電力会社内での水平展開のまずさが気になる事故であった。また，今回の事故とは直接の関係はなかったにしても，技術基準の誤解釈は電力会社およびメーカーの技術力低下を暗示していて，これらの問題に組織としてどう対処していくのか気になるところである。

(4) 教訓

重大事故は，誰もが安全であると思っているところに影を潜めている。

出典

[1] 関西電力「美浜発電所3号機二次系配管破損事故について」2005年3月1日.

ix．JR西日本福知山線脱線事故

(1) 概要

平成17年4月25日，JR西日本福知山線宝塚駅発同志社前駅行きの快速電車が，塚口駅先のカーブで脱線・横転し，線路左側にあるマンションに衝突した。この事故により，107名の死者，563名の負傷者が発生した。直接的な原因は，運転士（経験11か月，23歳）のカーブ進入時の速度超過である。

【事故時の状況】

- 事故現場の右曲線区間（R304）へ110km以上の速度で進入し，脱線・転覆した（曲線区間の制限速度は70km以下，手前の直線部分は120km）

- ATS-SW による非常ブレーキが作動（ATS-P は未設置）

【事故当日の運転士の勤務状況】

06:05　始業前点呼
06:48　出庫（車両の入れ換え），以降回送を含め 3 本に乗務
08:31　回送電車で尼崎駅出発
08:55　宝塚駅に定刻より早く到着
　　ブレーキのタイミングの遅れにより非常ブレーキが 2 度作動した
09:03　宝塚駅を定刻に発車
09:14　定刻より 30 秒遅れて伊丹駅に到着
　　途中の中山寺駅でドア開閉に手間取る
　　川西池田駅で数メートルのオーバーラン
　　伊丹駅で 72 メートルのオーバーラン（当初 8 メートルと申告）
　　指令所からの 2 度の無線連絡に応答せず
　　車掌室の防護無線機作動せず
09:16　伊丹駅 1 分 20 秒遅れで出発
09:18　塚口駅 1 分 17 秒遅れで通過
09:18　脱線事故発生，カーブ進入時の速度 126 km
　　この時点まで遅れを 1 分 15 秒に短縮

【事故前の運転士の勤務状況】

4/18　15:57～翌日 01:25 勤務（放出派出所に宿泊）
4/19　06:21～09:58 勤務，10:00～10:27 定期の個人面談
4/20　06:52～17:13 勤務
4/21　公休
4/22　11:55～22:53 勤務（京橋電車区に宿泊）
4/23　05:23～11:06 勤務
4/24　13:05～23:14 勤務（放出派出所に宿泊）
4/25　06:21 から勤務，09:58 までの予定

【運転士に関する情報】

23 歳，男性

H12.4.1　入社

H14　オーバーランの際に非常ブレーキを引かなかったとして訓告処分（車掌見習）

H15　居眠り運転を指摘され厳重注意処分（車掌）

H16.5.14　甲種電気車運転免許取得

H16.6.8　100 メートルのオーバーランで訓告処分，13 日間の日勤勤務（運転士）

【JR 西日本の体質】

- 「回復運転」を頻繁に指示：運転作業要領（実務の手引き）に明記
- 懲罰的な「日勤勤務」: 1 分以上の遅れは指令所への報告を義務付けている
- 2003 年 12 月のダイヤ改定で伊丹駅の停車時間が短縮
- 30 歳代がほとんどいない人員構成
- 平成 16 年度，ATS-SW による非常ブレーキ作動が 46 件発生

【マスコミ発表／一斉放送】

- 線路上の置石の可能性を示唆，その後，事故調査委員会で可能性を否定
- 最高可能速度を 120 km と発表（乗客をゼロとして計算），その後 130 km まで可能と訂正
- 当初「踏切での車との衝突，脱線事故」と通知し，11 時 45 分に「脱線事故」と訂正
- 一斉放送では死者の有無については触れていない

【その他の不祥事】

- 脱線した快速に乗車していた運転士 2 名が救助活動せずに出勤
- 185 名の社員がゴルフ，飲み会，旅行などの不適切な行事に参加
- マイカーでの暴走行為で逮捕

(2) 背後要因

【組織内の意識】

- 前例主義，縦割り意識により課題認識が限定的（トップの意識）
- 回復運転に余裕のないダイヤ編成（トップの意識）
- 現場の管理者に教育・訓練を任せていた（トップの意識）
- 回復運転の黙認（企業倫理意識）
- 報告を現場に止めておくという風潮（企業倫理意識）
- 日勤教育への恐怖感（技術者倫理のレベル）
- 社員のリスク認識レベルの低下（リスク認識レベル）
  事故後にゴルフ，飲み会，旅行など不適切な行事に参加。
- 不十分な安全教育（安全教育訓練）
- 臨機応変な対応がとりにくい職場管理（組織文化）
  脱線車両に乗車していた運転士が救助せずに出社。

【組織としての管理】

- 全社的なコミュニケーションがほとんどない（リスクマネジメント綱領）
- 全社の安全推進体制が機能していない（リスクマネジメント綱領）
- 「事故の芽」報告が減点対象に使われている（事故報告システム）

【組織としての制度】

- 到着時間重視のダイヤ編成（生産管理体制）
  効率化が優先され，余裕のない車両運用となっている。
- 過密ダイヤ，回復運転の常習化（生産管理体制）
- 多数の死傷者が出る事故の想定をしていない（リスクマネジメント体制）
- 安全設備の整備遅れ（安全管理体制）
- ATS-P の設置遅れ（安全管理体制）

【組織としての外部との関係】

- （無意識に）責任回避を指向したマスコミ報道（報道機関との意思疎通）
  置石の可能性を示唆，構内放送で死者の有無を通報せず。

【その他】

- 他輸送機関との競争激化

(3) コメント

「安全第一」が建前だけになって，効率を優先させたために発生した事故といえる。効率優先や信賞必罰を中心とした管理により，従業員のモラルが低下することを示した典型的な例である。

(4) 教訓

INSAG-15（国際原子力機関の国際原子力安全諮問グループが作成している基準の一つ）では安全文化の 5 つの脆弱化の兆候段階を述べているが，本事例は第 V 段階の「崩壊」の典型的な例である。つねに安全文化を評価して，このような段階になる前に適切な対応をとることの重要さを教えてくれる事例である。

出典

［1］航空・鉄道事故調査委員会経過報告「西日本旅客鉄道株式会社福知山線脱線事故に係わる鉄道事故調査について（経過報告）」H17.9.6.
［2］航空・鉄道事故調査委員会「西日本旅客鉄道株式会社福知山線脱線事故に係わる建議について」H17.9.6.
［3］JR 西日本「安全向上計画」H17.5.31.
［4］柳田邦男『JR 尼崎事故破局までの“瞬間の真実”』月刊現代 2005 年 7/8 月号.

5.3 事例分析のまとめ

前節に示した分析事例について，その背後要因を表 5-3 に示す。同表では，雪印乳業食中毒事件には形態の異なる 3 件の事象があるために，合計 11 件の事例となっている。

この 11 件の事例分析から抽出された背後要因を共通性に注目し，集約，整理したものを以下に示す。

(1) 外部からの監視の目

ここでは，行政・規制方針と法や規格体系，社会からの監視などの小項目があるが，次の 2 件の要因が抽出された。

- 行政や規制方針，法令や規格体系と企業の認識との隙間

  国への報告事項，原料再使用の基準などの行政・規制方針，または検査や監査にあいまいさのあるところでこれらの事故・不祥事が発生している。

  明確に規定することを企業側から要求することも必要である。また，規定されていないことに対しては，それぞれの企業が広義のコンプライアンスに基づいて，適切な基準を定める必要がある。

- 社会の過大な欲求あるいは社会の欲求に対する企業の誤った認識

  電力や食品のように公共性の大きな業界では，プラントを止めない，あるいは顧客のニーズに合わせて商品を提供するといった社会的な要請が大きい。この圧力あるいはその思い込みが，不十分な安全対策をとるという傾向を生み出している。

  リスクマネジメントの観点からリスク・ベネフィット解析を実施し，それに基づきリスクコミュニケーションを行い，社会との間に共通認識をつくるべきであろう。

(2) 組織内の意識

技術者倫理やリスク認識の教育の問題点が抽出された。また分析では，組織・安全文化は，可能な限りマネジメント可能な他の項目に振り当てることにした。

- 技術者倫理の不足

  自分たちの問題は自分たちで解決する，あるいは企業の利益を最優先で確保するといった強すぎる追求が，社会的な責任感を希薄にする傾向が見られる。また，些細な違反の放任が倫理レベルを徐々に低下させる原因となっている。

企業は，技術者は社会のためにあるという本質を再認識させる教育が必要である。

- リスク認識教育の不足

専門家であるという自負から安全に関して独自に判断している。また，業務上発生するリスクを的確に認識していない。

企業は，技術者に社会的なリスクなどの総合的なリスク認識を周知徹底させる教育が必要である。

(3) 組織としての管理

安全と品質を確保するための制度と体制の運用，社内広報（安全意識の共有化），内部監査など管理に係る項目では，リスクマネジメント運用上の問題点，社内広報での問題点が抽出された。

内部告発制度は予防的な意味合いが強く，今回の分析からは背後要因として抽出されなかったが，4 件の不祥事中 3 件が内部や外部からの告発によって顕在化したものである。

- リスクマネジメント体制の不備

リスクマネジメントの制度や体制が決められている場合にも，実際に上手く運用されていない。

通常時の品質管理，安全管理から，緊急事態発生時の危機管理を含めた総合的な制度の運用方法を明確に定めておくことが必要となろう。

- 安全意識共有化の不徹底

本社あるいは一部の部門で定めた倫理規定や行動憲章が，全社に周知されていない。

企業憲章などの企業の姿勢は，本社のみならず組織の末端，また関連企業まで含めて周知徹底することが重要である。

(4) 組織としての制度

安全管理，品質管理，リスクマネジメントなど，安全と品質を確保するための制度と体制では，リスクマネジメント体制の不備が共通要因として抽出された。

- リスクマネジメント体制の不備

　不正防止のチェック機能がなく，または緊急時の情報連絡ルートがあいまいなど，リスクマネジメントの組織的体制や危機管理体制が確立されていない。品質管理や安全管理などと一体化した新たな体制・制度が必要になろう。

(5) 技術力

- 経営トップの技術知識の不足

　経営陣が，組織の技術的問題点の認識や緊急事態の対応に必要な技術的な知識を持っていない。あるいは，技術者の力量や人数が技術的課題に対して過少な場合も多く見られる。

　技術系の企業の場合，技術的な方策を検討できる人材を経営参画させることは当然として，組織として必要とされる技術レベルの評価を（外部に依頼するなどして）実施すべきであろう。

(6) 組織としての外部との関係

関連会社との関係，外部監査制度，報道機関や地元などへの情報提供があるが，外部監査制度は予防的な意味合いが強く，分析からは共通の要因が抽出されなかった。

- 関連会社との不十分な協力体制

　協力会社への過剰な要求や関係会社への連絡の不備など，協力体制が不十分。事故の形態が組織内から，組織間の関係不全に変わってきていることを認識すべきである。

- 情報公開，アカウンタビリティの不足

　地元や報道機関などへの情報公開が不十分な場合には，問題が必要以上に過大視されることがある。

　企業憲章などの企業の姿勢や実態を積極的に公開することが，組織にとって，また社会的理解を得る上で大切なことを認識すべきであろう。

表 5-3　背後要因取りまとめ表

事故／不祥事名		ｉ．雪印食品牛肉偽装事件	ii-1．雪印乳業食中毒事件（大樹工場）／毒素混入
事故／不祥事の形態		不祥事／虚偽の連鎖	組織事故／技術レベルの問題
監視の目	規制方針 行政方針	虚偽表示の取り締まり不足 透明性に欠ける商品形態 業界団体との調整を重視した食肉行政	食品衛生法でエンテロトキシンは「危害」原因物質の指定がない
	法体系		
	規格体系		
	その他	偽装が常習化	
意識	トップの意識	社会的公正さより目先の利益を優先させる風土	
	企業倫理意識		
	技術者倫理のレベル	「懲戒免職を覚悟」で違反を起こすという従業員の意識	
	リスク認識のレベル		社内規定以上の毒素を含む原料を再使用した
	リスクマネジメント意識		
	安全教育訓練		安全知識の欠如
	組織・安全文化	社会的公正さより目先の利益を優先させる風土 消費者軽視という甘えの意識	規定不遵守の常習化
管理	リスクマネジメント綱領他	HACCP でのソフト面での取り組みが貧弱	停電により原料が長時間過熱された状態で放置された 洗浄後，排出すべき原料，洗浄水がラインに混入した
	社内広報	事業部制分権化による他部門・社外への閉鎖体質	
	危機管理綱領	危機管理綱領が定められていない	
	内部監査制度	不十分な内部調査	
	内部告発制度	業者からの告発により発覚	
	事故報告システム		
	安全マニュアルなど		異常時操作マニュアルの不備
制度	生産管理体制		
	品質保証体制		
	安全管理体制		
	リスクマネジメント体制	不正防止のチェック体制などの構造的な不備 コンプライアンスに関する行動指針がない	
	環境管理体制		
技術力		役員の表示制度に対する認識不足	
外部との関係	関連会社などとの関係	関係会社への過大な圧力	
	外部監査制度		
	報道機関との意思疎通		
	情報公開など		
	外部への安全メッセージ発信		
	行動憲章など		
その他			

表 5-3（つづき）

事故／不祥事名		ii -2. 雪印乳業食中毒事件（大阪工場）／規則違反	ii -3. 雪印乳業食中毒事件（本社）／対応の遅れ
事故／不祥事の形態		組織事故／長期の安全性の劣化	不祥事／外部対応の不手際
監視の目	規制方針 行政方針	低脂肪乳再利用の基準があいまい	
	法体系		
	規格体系	HACCP 現地調査方法の不備 HACCP では製造ラインの整備状況だけを審査	
	その他	供給過多の市場，消費者の「鮮度志向」	
意識	トップの意識		
	企業倫理意識		
	技術者倫理のレベル	安全性・規則遵守に対する認識不足	
	リスク認識のレベル		
	リスクマネジメント意識		
	安全教育訓練	衛生管理意識の欠如	
	組織・安全文化	内部規定を組織ぐるみで恒常的に無視していた 安全より作業効率を優先する社内風土	原因追究を優先し，消費者第一という考えが不足 社会的責任感の欠如
管理	リスクマネジメント綱領他	食品製造に関するすべての工程が HACCP で管理されていない 品質管理，安全管理が形骸化していた	
	社内広報		
	危機管理綱領		
	内部監査制度		
	内部告発制度		
	事故報告システム		社内で情報が一元化されていない
	安全マニュアルなど	安全マニュアルの実質的な不備	
制度	生産管理体制		
	品質保証体制		
	安全管理体制		
	リスクマネジメント体制	リスクマネジメント体制が不備 すべての工程が HACCP で管理されていない	危機管理体制の不備 緊急時の社内連絡体制の不備
	環境管理体制		
技術力			経営トップに技術的内容を知っている人がいない
外部との関係	関連会社などとの関係		
	外部監査制度		
	報道機関との意思疎通		
	情報公開など		説明責任の不足
	外部への安全メッセージ発信		
	行動憲章など		
その他		価格競争の激化	

表 5-3（つづき）

事故／不祥事名		iii．みずほ銀行情報システムトラブル	iv．JCO 臨界事故
事故／不祥事の形態		組織事故／技術レベルの問題	組織事故／長期の安全性の劣化
監視の目	規制方針 行政方針		人手不足により保安規定遵守状況調査が行われなかった 運転専門官の巡視が転換試験棟の操業中に行われなかった 事業変更許可申請書に関して工程などの審議が適切に行われていなかった
	法体系		安全審査指針が臨界事故に対処するための装置設置などの対策を義務付けていなかった
	規格体系		
	その他		
意識	トップの意識	業務要件など，さまざまな事項に関する経営陣の意思決定の遅れ	経営合理化による労働の質の低下 専門設備未設置，事業許可条件を超える作業の受注
	企業倫理意識		倫理意識が徹底されず
	技術者倫理のレベル		違反・隠蔽がいたるところに
	リスク認識のレベル	システム開発部門のシステムに対するリスク認識・評価不十分	臨界になりやすい中濃縮ウラン水溶液に関する潜在的危険性の認識が欠如
	リスクマネジメント意識	オペレーショナルリスクの重要性についての関係役職員への徹底不十分	危機意識を醸成しない教育訓練体制
	安全教育訓練		臨界に関する教育が形式的
	組織・安全文化	統合銀行間の競争意識 報・連・相の欠如	作業者独断の作業改善活動
管理	リスクマネジメント綱領他	情報システムのテストをせずに運用に入った	違反状態を解決するための取り組みがなかった 安全管理の視点を欠いた品質保証活動 設備面に偏った安全推進活動
	社内広報		
	危機管理綱領		
	内部監査制度	内部監査で問題点の指摘できず	内部監査制度の実効性に疑問あり
	内部告発制度		
	事故報告システム		
	安全マニュアルなど		安全管理のための手順書の不備
制度	生産管理体制	プロジェクトマネージャーの不在	
	品質保証体制		
	安全管理体制		核燃料取扱主任者や安全管理グループの現場の作業管理に対する権限不十分 保安規定遵守のための具体的手段の欠如 兼務による安全上重要な職位・部門の独立性やクロスチェックの形骸化
	リスクマネジメント体制	統合準備段階で経営陣に報告されるべきであった重要情報がシステム部門内に留まり，適切な組織的対処が行われなかった	事故発生時の連絡体制が不明確
	環境管理体制		
技術力		トップがシステムに理解なく，現場に丸投げ トップダウン断行の必要性の認識不足 開発時間不足 開発費用不足	
外部との関係	関連会社などとの関係		
	外部監査制度		顧客および親会社による外部監査はあったが機能しなかった
	報道機関との意思疎通		
	情報公開など		リスク認識不足による地方自治体への連絡の遅れ
	外部への安全メッセージ発信	障害発生以降の対応において，情報開示の迅速性・正確性を欠いた	
	行動憲章など		
その他		3 行が持つ多数のシステムを 2 行に統合するという，極めて難度の高い開発プロジェクトであった	作業を急いでいた

表 5-3（つづき）

事故／不祥事名		v．東京電力自主点検記録不正	vi．東京電力原子炉格納容器漏洩率検査での不正操作
事故／不祥事の形態		不祥事／虚偽の連鎖	不祥事／虚偽の連鎖
監視の目	規制方針 行政方針	新工法認可が長期化する傾向 国へのトラブル報告基準があいまい 自主点検の位置づけ，国の関与が不明確	
	法体系	維持基準の未整備	
	規格体系		
	その他	トラブルに対する社会の厳しい目 トラブルによる外部への影響の恐れ	安全性に対する社会的非難への恐れ
意識	トップの意識		
	企業倫理意識		
	技術者倫理のレベル	現場補修部門社員の間違った責任感	トラブルの影響の恐れ 現場補修部門社員の間違った責任感
	リスク認識のレベル	独善的な安全思想	安全に対する独善的な判断
	リスクマネジメント意識		
	安全教育訓練		
	組織・安全文化	小さなことはなかったことにするという風土 小さな問題は現場で「何とかする」という風土 原子力部門だけの同質化された社会	
管理	リスクマネジメント綱領他	組織間のコミュニケーション不足 品質保証体制が十分に機能していない 安全管理体制が十分に機能していない	不具合発生時の対応の不備
	社内広報	本社で定めた企業行動憲章などが周知されていない	
	危機管理綱領		
	内部監査制度	経営トップや他部門による監査不十分	
	内部告発制度		
	事故報告システム	不具合情報内容の提供が担当グループの判断に任されている	
	安全マニュアルなど		
制度	生産管理体制		不具合の対策を講じる時間的余裕がなかった タイトな作業工程
	品質保証体制		
	安全管理体制		
	リスクマネジメント体制		権限と責任が不明確 不具合情報がトップまで届かない
	環境管理体制		
技術力			
外部との関係	関連会社などとの関係		
	外部監査制度		
	報道機関との意思疎通		
	情報公開など	説明責任の認識不十分	
	外部への安全メッセージ発信		
	行動憲章など		
その他			

表 5-3（つづき）

事故／不祥事名		vii．信楽高原鐵道列車衝突事故	viii．関西電力美浜発電所 3 号機二次系配管破損事故
事故／不祥事の形態		組織事故／長期の安全性の劣化	組織事故／長期の安全性の劣化
監視の目	規制方針 行政方針		
	法体系		
	規格体系		
	その他		
意識	トップの意識		
	企業倫理意識		
	技術者倫理のレベル	職員の到着を待たずに赤信号で発車	PWR 管理指針の不適切な運用により，配管取り替えを先送り
	リスク認識のレベル	信号システム開発部門のシステムに対するリスク認識・評価不十分	
	リスクマネジメント意識	システムへの過信，油断	
	安全教育訓練	信号の専門家が補充されず，信号システムを理解している人は誰一人いない状態であった 信号システムの説明会を開催したが，内容を理解できた者はいなかった	
	組織・安全文化	JR は下り列車を優先させるための方向優先テコの設置を高原鐵道側に伝えていなかった	
管理	リスクマネジメント綱領他	高原鐵道は，無許可で JR に連絡をとらず，別の信号システム変更工事を行っていた JR は，近畿運輸局への届出をせずに，方向優先テコを設置した 信号システムの検証が不十分（電気回路誤配線）	
	社内広報		
	危機管理綱領		
	内部監査制度		
	内部告発制度		
	事故報告システム		
	安全マニュアルなど		
制度	生産管理体制		
	品質保証体制		メーカー提出の点検台帳の漏れを関西電力は見つけることができなかった 登録漏れを他サイトへ水平展開しなかった
	安全管理体制		
	リスクマネジメント体制	過去の同種のトラブル経験が，教訓として活かされる体制となっていなかった	
	環境管理体制		
技術力		人員増強や信号の専門家が補充されず，社内には信号システムのことを正確に理解できる人は誰一人いなかった	技術基準などの解釈力が不十分
外部との関係	関連会社などとの関係	高原鐵道と JR は信号システム工事を別々の業者に発注した	メーカー，協力会社は登録漏れを発見したが，関西電力に連絡しなかった メーカーから協力会社への業務移管時に登録漏れがそのまま引き継がれた
	外部監査制度		
	報道機関との意思疎通		
	情報公開など		
	外部への安全メッセージ発信		
	行動憲章など		
その他		近畿運輸局係官が春の交通安全運動の一環として昼前に信楽駅を査察の予定 4 月 20 日からの世界陶芸祭開催中は，1 日 26 往復に増便された 信楽駅構内の電気設備回路の誤配線 ダイヤ遵守への焦り，重圧	

表 5-3（つづき）

事故／不祥事名		ix．JR 西日本福知山線脱線事故
事故／不祥事の形態		組織事故／長期の安全性の劣化
監視の目	規制方針 行政方針	
	法体系	
	規格体系	
	その他	
意識	トップの意識	前例主義，縦割り意識により課題認識が限定的 回復運転に余裕のないダイヤ編成 現場の管理者に教育・訓練を任せていた
	企業倫理意識	回復運転の黙認 報告を現場に止めておくという風潮
	技術者倫理のレベル	日勤教育への恐怖感
	リスク認識のレベル	社員のリスク認識レベルの低下
	リスクマネジメント意識	
	安全教育訓練	不十分な安全教育
	組織・安全文化	臨機応変な対応がとりにくい職場管理
管理	リスクマネジメント綱領他	全社的なコミュニケーションがほとんどない 全社の安全推進体制が機能していない
	社内広報	
	危機管理綱領	
	内部監査制度	
	内部告発制度	
	事故報告システム	「事故の芽」報告が減点対象に使われている
	安全マニュアルなど	
制度	生産管理体制	到着時間重視のダイヤ編成 過密ダイヤ，回復運転の常習化
	品質保証体制	
	安全管理体制	安全設備の整備遅れ ATS-P の設置遅れ
	リスクマネジメント体制	多数の死傷者が出る事故の想定をしていない
	環境管理体制	
技術力		
外部との関係	関連会社などとの関係	
	外部監査制度	
	報道機関との意思疎通	責任回避を指向したマスコミ報道
	情報公開など	
	外部への安全メッセージ発信	
	行動憲章など	
その他		他輸送機関との競争激化

本事例分析においては，対策立案に結び付けるための分析手法，分析項目，分析モデルなどを検討し，提案することを試みた。分析手法と分析内容の向上が，今後とも重要であると認識している。さらに対策立案に結び付けるためには，事故を起こした組織だけでなく関連部門を含めた分析や，対策立案の内容，組織の改善度合いなどの検討が重要である。

第6章

レジリエントな対策による安全性向上

本章では，資料（技術情報協会編『ヒューマンエラーの発生要因と削減・再発防止策』(2019) 第2章第3節）に基づき，分析内容を説明する。

人間の弱点だけではなく長所も見ていこうとするレジリエンス・エンジニアリングの観点から，良好事例の分析を試みている。実際のトラブル対応のなかでは，専門家の適切で良好な処置によりトラブルの拡大を防いだ事例も多々存在するが，それは専門家にとっては当然の行為であり，記録に残らず表に出ないことが多い。そこで，良好事例の分析が比較的容易な事例として，詳細な情報が入手できる比較的有名な事例を分析してみた。ここでは2種類の異なる材料に応じた方法論を新たに作成し，それに基づき分析している。

1点目は，(1) 小惑星探査機「はやぶさ」の帰還，(2) USエアウェイズ1549便のハドソン川不時着，(3) アポロ13号の帰還の3件の著名な成功事例，および (4) 美浜発電所2号機蒸気発生器伝熱管損傷事故，(5) JR福知山線列車脱線事故，(6) 信楽高原鐵道列車衝突事故，(7) 博多駅前道路陥没事故の4例の組織事故，計7例から良好事例を抽出し，そこから10種類の包括的な教訓を導出した。

2点目は，2011年3月11日に発生した東北地方太平洋沖地震時の福島第一原子力発電所，福島第二原子力発電所，女川原子力発電所，および東海第二発電所の4か所のプラントサイトの対応を，人間のポジティブな面を見る3つの研究手法であるレジリエンス・エンジニアリング，高信頼性組織あるいはリスクリテラシーの観点から，良好事例と失敗事例の両方を抽出し分析した。

このような分析は，リスクを見るのではなく，リスク低減活動の成果を見る方法であり，これも一種のポジティブなリスクマネジメントのありかただと考えることができる。

6.1　組織事故における対応の良好事例分析

これまでの事例分析は，どちらかというと顕在化した不適合事象などの失敗事例を対象にすることが多かった。根本原因分析手法を駆使し，その背後要因を探り，そこに対策を講じていく，いわゆる再発防止対策を行うためである。設備（ハード側）は改良され，高い信頼性を有し，インタフェースも人間にやさしい設計がなされ，また人間（ソフト側）も教育・訓練の充実，作業環境の改善，およびマネジメントシステムの高度化などにより，不適合の数は「ゼロ」にはならないが，その発生頻度は以前に比べると低くなっている。

一方，レジリエンス・エンジニアリング[1]では，成功事例や良好事例（以下，良好事例という）にも焦点を当てている。我々は，設備が故障した，労働災害が発生した，思いもよらない事故に至ってしまったなどのような不適合に目を向けがちであるが，そのような不適合に至らないような地道な努力は日々続けられており，数で比較すれば良好事例のほうが圧倒的に多いはずである。ただ，良好事例は，深刻な事態から脱出したような大きな良好事例を除いて，日常では当たり前のことをしているという認識なので，我々の目にはなかなか触れにくい。ヒヤリハット活動は，大きな事故に至るまでに回復措置をとることにより大事に至らせなかった事例の収集と活用活動と捉えれば，良好事例を扱っていると考えられる。

まだ起こっていない不適合に対する対策上のヒントは，良好事例のなかに埋もれているように思われる。これらの抽出がうまくいけば，未然防止対策の検討における有力な手段の 1 つになると考えられる。そこで本節では，良好事例の分析を試み，教訓事項を導出したので，その結果について紹介する。

6.1.1　分析対象とした良好事例

事例分析のためには事例の詳細情報が必要となる。事故・トラブル報告書は広く公開されているが，そこから良好事例を見つけることは容易ではない。そこで，比較的多くの情報が公開されている以下の著名な良好事例（1）～(3）と，組織事故における良好活動事例（4）～（7）を対象に分析することとした。(5）と（6）は 5.2 節で組織事故分析した対象であり，そこから良好事例を抽出した。(7）は当時，事故ではあるが良好事例が多くみられるとして新聞やテレビで取り上げられた事例である。

（1）小惑星探査機「はやぶさ」の帰還（2010 年 6 月 13 日）[2][3]
（2）US エアウェイズ 1549 便のハドソン川不時着（2009 年 1 月 15 日）[4][5]
（3）アポロ 13 号の帰還（1970 年 4 月 11 日）[6][7]
（4）美浜発電所 2 号機蒸気発生器伝熱管損傷事故（1991 年 2 月 9 日）[8][9]
（5）JR 西日本福知山線列車脱線事故（2005 年 4 月 25 日）[10]~[12]
（6）信楽高原鐵道列車衝突事故（1991 年 5 月 14 日）[13]~[15]
（7）博多駅前道路陥没事故（2016 年 11 月 8 日）[16]

6.1.2　分析方法

分析にあたっては，事例のなかでみられる良好な行為について，抽出し，整理する枠組みが必要であるが，本分析時点ではたたき台として次の 5 つの分類欄を設けた良好事例教訓シート（図 6-1 参照）を採用した。①啓蒙・意識の共有化，意識の実践的強化，②情報の共有化，③教育・訓練の強化，④組織・体制・指揮命令の強化，および⑤ヒューマンエラー防止（人間工学的配慮，作業改善，書類の改良他）[17]。

6.1.3　個別の教訓の抽出

6.1.1 項で挙げた 7 件の事例について，良好事例教訓シート（図 6-1）に基づき分析を行い，個別の教訓を抽出した。小惑星探査機「はやぶさ」の帰還の例を図 6-2 に示す。

図 6-1　良好事例教訓シートの様式

１．件名	
２．発生年月日	
３．概要	
４．教訓	
①啓蒙・意識の共有化、意識の実践的強化	
教訓１．【・・・・・】	
②情報の共有化	
教訓２．【・・・・・】	
③教育・訓練の強化	
教訓３．【・・・・・】	
④組織・体制・指揮命令の強化	
教訓４．【・・・・・】	
⑤ヒューマンエラー防止（人間工学的配慮、作業改善、書類の改良他）	
教訓５．【・・・・・】	

図6-2 「小惑星探査機「はやぶさ」の帰還」の分析例

1．件名	小惑星探査機「はやぶさ」の帰還
2．発生年月日	2010年6月13日

3．概要

本プロジェクトの総予算は200億円。2003年5月の打ち上げから2007年6月の帰還を予定。計画段階からきわめてハイリスクなプロジェクトであることは認識されていた。　2003年5月9日13時29分、内之浦宇宙空間観測所からの打ち上げから数々のトラブルに見まわれたが、7年後の2010年11月に「はやぶさ」がイトカワから地球に持ち帰ったサンプルがイトカワ起源の物質であることが確認された。これは世界初の小惑星からのサンプルリターンであった。プロジェクト遂行中、8件の大きなトラブルがあったが、プロジェクトメンバーの創意と工夫、高いモチベーションでこれを乗り切った。

4．教訓

①啓蒙・意識の共有化、意識の実践的強化

教訓1．【高い課題に挑戦する場合は加点法評価を実施】

NASAでさえやったことのない、リスクの高い課題に挑戦した。加点法の評価は技術的に大きな壁を乗り越え、世界で主導的な立場を目指そうというもので、画期的であった。減点法ではこのプロジェクトの成功はなかった。

②情報の共有化

教訓2．【行方不明中もプロジェクトメンバー間で「はやぶさ」のゴールは、イトカワではなく地球だという意識を共有】

燃料漏れによって姿勢が安定せず、地球との通信が不能となり、行方不明となる。行方不明中もプロジェクトメンバー間で「はやぶさ」のゴールはイトカワではなく、地球だという意識が共有されていた。 行方不明期間中、士気を高めるため、意識的に会議を増やし、可能性のある具体的アクションを割り振った。

③教育・訓練の強化

教訓3．【レジリエンスコア能力に秀でたメンバーの育成】

「はやぶさ」は8件の大きなトラブルがあったが、プロジェクトメンバーの創意と工夫と情熱によって、問題をクリアし、イトカワ起源のサンプルリターンという快挙に結びつけた。トラブル発生時「予見」「監視」「対処」「学習」のサイクルが上手くまわり続けた。このサイクルを回し続けるベースとなる作業環境は必ずしも十分ではなかったが、知識・経験、態度、健康についてはプロジェクトメンバーは高いパフォーマンスを発揮した。

④組織・体制・指揮命令の強化

教訓4．【最先端の技術に挑戦するときはマトリックス組織がよい】

プロジェクトスタート時、「興味のある人はここに集まれ」で最高のメンバーが揃った。みんな優秀で目標をよく共有していてモチベーションも高かった。

⑤ヒューマンエラー防止（人間工学的配慮、作業改善、書類の改良他）

教訓5．【最先端の技術領域では、冗長性が重要である】

イオンエンジンDに異常が発生したとき、複数のエンジンのイオン源と中和器を連動させて運転するための回路の確認と連動運転の可能性の検討を行った。「はやぶさ」製作の最後の段階でバイパスダイオードを組み込んでいたため、回路上は可能との結論。理論上は可能だが、地上での試験は未実施だった。イオン源Bと中和器Aの連動運転に成功。バイパスダイオードを組み込んでいたことに加え、ある中和器から見ると、全てのイオン源の排出方向が合っていたという幸運があった。バイパスダイオードを取り外さなかったことが冗長性を確保し、功を奏する結果となった。

6.1.4　包括的な教訓の導出

前項で抽出した個別の教訓に対して整理，統合することにより，包括的な教訓 10 項目を以下のとおり導出した。個別の教訓と包括的な教訓の関係を表 6-1 に示す。大きく，事前，最中，事後の対応の 3 区分に分けることができる。なお，表において「追加」と付されている個別の教訓は，包括的な教訓を導出後に，この観点で事例情報を再検討した際に追加で得られた教訓を意味している。

【包括的な教訓】

Ⅰ　事前の対応

①専門能力，ノンテクニカルスキルの醸成

②能力発揮のための組織環境の整備

③緊急対応訓練の充実

④緊急時を想定したハード・ソフト対策の充実

Ⅱ　緊急時の対応

⑤ゴールの共有

⑥緊急時体制の強化

⑦緊急時における人間特性の理解とマニュアル化

⑧周辺組織，個人の柔軟な対応

⑨情報公開の徹底

Ⅲ　事後の対応

⑩教訓の風化防止

6.1.5　まとめ

7 件の良好事例を分析することにより 10 項目の包括的な教訓を導出することができた[18]。これらの教訓は事故を未然に防止，または影響を緩和する上での大きな手がかりを与えてくれるものと思われる。事故調査報告書などから良好事例を分析する際には，この包括的な教訓項目を活用することにより，その整理が容易になるとともに，情報の抜け落ちに気付かせてくれるメリットがあるものと期待している。本分析では，良好事例教訓シートに基づき分析を進めたが，本シートはたたき台として作成したものであるので，分析を進めていくなかで新たな知見が得られた場合は，その知見をシートに反映することで，より充実した分析が行えると考えられる。

6.1 節の冒頭でも述べたが，良好事例自体を抽出することは難しい。事故調査報告書には不適合事項だけではなく，事故の影響緩和につながったような良好な活動についても記載すべきである。これらの活動がなければ事故の影響はさらに大きくなり，社会や人々に与えるダメージはより深刻なものになっていた可能性がある。教訓として学ぶことを不適合や失敗事例だけに求めるのは，もったいない。大きな事故は，技術の進展や社会システムの高度化などにより減少していくことが予想され，失敗の数よりも圧倒的に多いはずである良好事例に学ぶことの重要性は今後，高まっていくと思われる。

6.1.6　展望[19]

今回，分析対象とした事例は，社会的にも大きなインパクトを与えたものであるが，我々の日常業務のなかでも数多くの良好活動が行われているはずである。今後，これらの日常業務のなかに潜んでいる，ごく当たり前かもしれないが，それが問題を未然に防止しているような良好活動に焦点を当て，そこから学んでいくことも重要である。ヒヤリハット活動はその好例と見ることができる。

さまざまな分野において，日常業務や緊急時での対応などについては，手順書やマニュアルなど標準化が進められているが，すべてのことを網羅し記載することは不可能である。新人にマニュアルを与えて仕事を指示しても，口頭による伝承，支援などがなければ完遂は難しい。この口頭による伝承のなかに良好活動のコツが含まれているように思われる。

表 6-1　良好事例と教訓

			(1)「はやぶさ」の帰還	(2) ハドソン川不時着	(3) アポロ13号の帰還	(4) 美浜２号機蒸気発生器事故
包括的教訓	Ⅰ 事前の対応	①専門能力，ノンテクニカルスキルの醸成	教訓３：レジリエンス能力を有するメンバー	教訓２：マニュアル外対応能力を有するメンバー	教訓３：緊急時に手順書作成能力を有するメンバー	
		②能力発揮のための組織環境の整備	教訓１：加点評価			教訓１：コンサルタント職の人事配置の適正化
		③緊急時対応訓練の充実		教訓３：厳しい訓練（自律的な役割分担） 教訓５：厳しい訓練（耐ストレス）	教訓４：厳しい訓練（反復訓練）	
		④緊急時を想定したハード・ソフト対策の充実	教訓５：冗長機能の追加		教訓２：緊急対策室の二重化	
	Ⅱ 緊急時の対応	⑤ゴールの共有	教訓２：ゴールの共有	教訓１：ゴールの共有	教訓１：ゴールの共有	
		⑥緊急時体制の強化	教訓４：能力が発揮できる組織	教訓４：緊急時対応に専念できる体制	教訓５：指揮命令のシンプル化 教訓６：24 時間体制の確立	教訓２：第三者の視点の投入
		⑦緊急時における人間特性の理解とマニュアル化			教訓７：人間特性の理解	
		⑧周辺組織，個人の柔軟な対応				
		⑨情報公開の徹底				追加１：情報公開の徹底（会長指示によるプラントデータの公開）
	Ⅲ 事後の対応	⑩教訓の風化防止		追加１：事故機の展示（シャーロット）		追加２：安全教育の充実 追加３：蒸気発生器保管庫の展示（美浜発電所）

表 6-1（つづき）

			(5) 福知山線列車脱線事故	(6) 信楽高原鐵道列車衝突事故	(7) 博多駅前道路陥没事故
包括的教訓	I 事前の対応	①専門能力，ノンテクニカルスキルの醸成		追加 1： 安全会議の設置 （社長をトップとし，事故防止対策を協議） （信楽高原鐵道安全報告書 2015 年度版）	
		②能力発揮のための組織環境の整備			
		③緊急時対応訓練の充実	教訓 4： 大規模災害経験を踏まえた医療活動訓練	追加 2： 合同訓練の実施（鉄道・消防・警察などの連携強化） （信楽高原鐵道安全報告書 2015 年度版）	
		④緊急時を想定したハード・ソフト対策の充実		教訓 3： 相互乗り入れ運用の廃止 教訓 4： 安全設計車両の導入	
	II 緊急時の対応	⑤ゴールの共有			教訓 1： 現場の早期判断 教訓 2： 安全最優先の復旧工事
		⑥緊急時体制の強化	教訓 2： 災害救急医療情報システムの整備 教訓 5： 現場主導の指揮命令系統の確立 教訓 6： トリアージタグの使用	教訓 5： ヘリコプターによる重症者の搬送	教訓 4： 早期の災害復旧
		⑦緊急時における人間特性の理解とマニュアル化		追加 3： 異常時のマニュアル対応の強化（マニュアルに関する教育・訓練） （信楽高原鐵道安全報告書 2012・2015 年度版）	
		⑧周辺組織，個人の柔軟な対応	教訓 1： 近隣企業，一般市民による救護活動 教訓 3： 近隣住民の非常ボタンによる緊急停止	教訓 1： 初期消火の実施	
		⑨情報公開の徹底			教訓 3： ホームページ，ブログなどでの情報発信
	III 事後の対応	⑩教訓の風化防止	追加 1： 安全教育の充実 追加 2： 事故現場の保存（尼崎） 事故車両の保存	教訓 2： 資料館の設置（信楽） 追加 4： 航空・鉄道事故調査委員会発足の契機	

参考文献

［1］エリック・ホルナゲル，北村正晴／小松原明哲監訳『Safety-I & Safety-II』海文堂出版，2015.
［2］川口淳一郎『はやぶさ、そうまでして君は』宝島社，2010.
［3］川口淳一郎『「はやぶさ」式思考法』飛鳥新社，2011.
［4］C・サレンバーガー，十亀洋訳『機長、究極の決断』静山社文庫，2011.
［5］J. Paries, Lessons from the Hudson, In E. Hollnagel et al. (edit) “Resilience Engineering in Practice” Ashgate, 2011.
［6］ヘンリー・クーパー Jr，立花隆訳『アポロ 13 号奇跡の生還』新潮社，1994.
［7］知識失敗データベース「失敗百選」
http://www.shippai.org/fkd/fkd_showCase.php?id=CA0000645&text1=’アポロ’（2019.2 閲覧）
［8］NUCIA データベース，関西電力美浜発電所 2 号蒸気発生器伝熱管損傷事象について
http://www.nucia.jp/nucia/kn/KnTroubleView.do?troubleId=1639（2019.2 閲覧）
［9］木村逸郎「臨界事故の衝撃と対策」保物セミナー，2007.
http://anshin-kagaku.news.coocan.jp/hobutsu2007_kimuraitu.pdf（2019.2 閲覧）
［10］日本集団災害医学会 尼崎 JR 脱線事故特別調査委員会報告書「JR 福知山線脱線事故に対する医療救護活動について」2006.
［11］兵庫県災害医療センター「JR 福知山線列車脱線事故」，2006.
https://www.hemc.jp/support/fukuchiyama/（2022.12 閲覧）
［12］航空・鉄道事故調査委員会鉄道事故調査報告書「西日本旅客鉄道株式会社 福知山線塚口駅～尼崎駅間 列車脱線事故（RA2007-3-1）」2007.
［13］内閣府「平成 20 年版防災白書」第 2 章 4-3 鉄道災害対策
https://www.bousai.go.jp/kaigirep/hakusho/h20/index.htm（2019.2 閲覧）
［14］JR 西日本「鉄道事業（安全の取り組み）」
https://www.westjr.co.jp/safety/（2019.2 閲覧）
［15］網谷りょういち『信楽高原鐵道事故』日本経済評論社，1997.
［16］国立研究開発法人 土木研究所「福岡地下鉄七隈線延伸工事現場における道路陥没に関する検討委員会報告書」2017.
https://www.pwri.go.jp/jpn/kentou-iinkai/pdf/houkokusyo.pdf（2019.2 閲覧）
［17］作田博他「エラーマネジメント研究会（2）緊急事態から回復した成功事例からの教訓抽出の試行」平成 28 年度人間工学会大会，三重県立看護大学，2016.
［18］作田博他「エラーマネジメント研究会（4）良好事例分析の追試行による教訓の導出」平成 30 年度人間工学会大会，宮城学院女子大学，2018.

[19] 技術情報協会『ヒューマンエラーの発生要因と削減・再発防止策』「第 2 章第 3 節 良好事例分析から教訓を抽出する試み」技術情報協会，2019.

6.2　良好／失敗事例から見た福島第一，福島第二，女川，東海第二の比較

6.2.1　概要

福島第一原子力発電所（福島第一）事故には，多くの事故調査報告があり，詳細な事故の経緯を把握できる。しかし，分析の視点は当事者の不適切な対応を分析する傾向にある。一方で，東京電力の「福島原子力事故調査報告書」（東電事故調）は，当事者がまとめた報告書であり，詳細な経緯，とくに良好な事例も記載されており，良好事例分析に適している。

事故の対応における良好事例と失敗事例を，対応能力の個人レベル，組織レベル，および外部対応レベルに関連付けて分析し，課題を摘出した[1]~[3]。本分析では，レジリエンスエンジニアリング（RE）[4]，高信頼性組織（HRO）[5]，およびリスクリテラシー（RL）[6] の新たな研究観点から，主に東電事故調[7] を基にして，1 号機における注水の経緯，とくに海水注入継続判断を中心に検討した。 福島第一と福島第二には，同じ東京電力の従事者がいるため，同様の能力を持っていると思われる。そのなかで異なる結果となってしまい，全体として福島第一は失敗事例として，福島第二は成功事例として取り扱われている。しかし，両者の対応を見比べてみると，それぞれ異なる条件で異なる良好事例を見ることができる。良好事例分析の範囲を，福島第一と福島第二の事故の比較へ拡張し，また良好事例のみならず失敗事例も取り上げて比較することにより，新たな知見の摘出を試みた。さらに，女川と東海第二に対しても同様の分析を試み，4 つのサイトの良好事例と失敗事例を総合的に比較分析した。

6.2.2　分析結果の検討

1 号機の注水経緯について，RE，HRO，RL の各々の観点から分析した。その例として，表 6-2 には RL の観点での分析結果を示す。横軸には林[6] が提

表 6-2　福島第一事故 1 号機の注水に関する個人と組織のリスクマネジメントの対応（太字は良好事例，※は失敗事例）

リスクリテラシー／分析レベル	平時				有事		
	解析力			伝達力		実践力	
	収集力	理解力	予測力	ネットワーク力（情報発信）	コミュニケーション力（影響力）	対応力（いまある危機対応）	応用力（抜本対策）
個人	**津波被害事故例**	**津波被害のリスク認識**	**電源喪失のリスク認識**	—	—	**海水注入継続判断**	**緊急時訓練**
組織：現場	事故例収集：貞観津波	地震・津波 PSA 実施による影響範囲評価	事故の大きさの認識	現場の情報共有	**指揮系統（現場）免震棟での一元化** ※中央操作室-緊急時対策室連絡	**免震棟を緊急時対策室として活用** **消防車有効活用** **淡水・海水注入** ベント操作	**指揮系統** 津波対策 AM 対策 被害の拡大防止
組織：管理部門	事故例収集：貞観津波，JNES 津波 PSA，ルブレイエ・マドラス炉浸水	※津波被害のリスク誤認識	※電源喪失のリスク誤認識	※本店／現場の情報共有	テレビ会議システム（2F） ※本店-現場の指揮系統の乱れ		**免震棟設置** **消防車配備** 教育／訓練システム見直し
外部対応（官邸など）	海外テロ対策事例収集：米国 9.11 テロ（B5b）	事故の重要性分類 ※地震・津波リスク誤認識	外部事象の重要性 ※インフラ被害リスク誤認識		※メディア，地方自治体，海外広報 ※官邸／本店／現場の指揮系統の乱れ	※初期対応の遅れ ※政府指揮系統	**メーカー・協力企業の支援** **外部の支援** 抜本対策：組織改革（規制／電力）

JNES：Japan Nuclear Energy Safety Organization　AM：Accident Management
PSA：Probabilistic Safety Analysis　B5b：米国原子力規制局からのテロ対策指示

案している対応能力を通常時と緊急時に分けて示す。縦軸には個人，組織（さらに現場と管理部門に分割した），外部対応の各レベルを置いている。また，太字は良好事例，※は失敗事例を示している。

表に示すように，事故の対応能力については個人や組織のレベルと国家や業界レベルとの間に相違が見られる。個人レベルや組織レベルではレジリエンスのある（柔軟な対応）良好事例が多くみられる。現場において良好事例が多くみられる根底には，現場における当事者としての使命感があり，常日頃から問題意識を持っていること，また対象範囲は異なるがアクシデントマネジメント訓練を経験していたことが緊急時に有効に働いたと考えられ，これこそが安全文化醸成の意義であろう。特徴的な良好事例として，新潟県中越沖地震（2007 年 7 月 16 日発生）の経験を反映して，整備された非常用電源・空調設備のある免震重要棟を緊急時対策室として有効活用し，また配備された消防車を海水注入などに有効活用したことが挙げられる。これから，平時における「組織としての学習（フィードバック）システムの確立」が重要であると提言できる。また，平時において，苛酷な事象進展を想定した緊急時訓練を継続することが有効であろう。

その一方で，管理部門や国家レベルでは危機対応の不備が多々みられる。管理部門においては，緊急時の責任分担，事態の深刻度の評価と平時から有事へのモード切り替えなどの訓練が欠かせない。国家レベルや業界レベルで，レアイベント（高影響低頻度の事象）の認識の課題と組織文化の課題とにおける失敗事例が多くみられる。これらは限定合理性の考えかた [8] によれば，限定された時間と環境のなかで限定された情報に基づいて合理的に判断したが，神の目から見れば失敗だったと解釈される。対策としては，限定合理性を破壊すること，すなわち有事における「現場判断を優先する（命令違反を許容する）システムの確立」が重要である。海水注入継続判断における，官邸および本店からの注入停止の指示にもかかわらず現場判断を優先し注入継続した行動は，その典型例と言えるであろう。

次に，福島第一と福島第二の共通点と福島第二の特徴を，福島第二の教訓をまとめた資料から導出し，表 6-3 にまとめた。ここでは，対応における重要な

表 6-3　福島第一（1F）と福島第二（2F）の共通点と 2F の特徴
（「東京電力（株）福島第二原子力発電所東北地方太平洋沖地震及び津波に対する対応状況の調査及び抽出される教訓について（提言）」[9] より）

1F と 2F の共通点	2F の特徴	備考
発電所対策本部の適切なガバナンス	外部電源の 1 系統が機能維持	共通点多い
発電所の外の組織（本店，メーカーなど）から迅速な支援，物資の調達を受けられる体制の整備	重要な設備の津波被害が軽微	電源とそれによる情報の有無
	比較的短時間で事故収束	
強い使命感と安全文化を醸成	計器類機能維持	
耐震設計が有効に機能	照明および通信手段確保	
事故時対応に適切なマネジメントからの職場環境づくり	中央操作室のランプで確認	
	本部で主要パラメーターを継続監視	
事前に準備されていた各種対策の有効性	パラメーター変動から計器類の故障の有無を確認	
非常時体制の整備	高汚染，高線量の極限状態での対応ではない	
食料備蓄	テレビ会議の有効活用	
本店および 3 発電所が共有のテレビ会議システム	1F 5 号機・6 号機も，空冷 EDG（非常用ディーゼル発電機）が機能維持し，同じような状況	
AM 設備およびマニュアルを準備		
十分な知識		
深層防護的な考え		
免震重要棟の設置（中越沖地震の経験）	福島第 1 と福島第 2，どちらにもレジリエンスの好例 対応の差は電源と情報の有無による相違（プラントタイプの差もあるか？） 津波高さとサイト高さの相違（結果論）	
本体整備の耐震設計，運転操作手順以外の地震に関する種々の対策も有効		
AM 設備の耐地震動		

キーワードを筆者らが抽出し，福島第一と福島第二の共通点を左の欄に，福島第二の特徴を中央の欄に，総合判断を右の欄に記入した。この分析に基づき，同表では網掛け枠で示す以下のような考察をした。同じ東京電力の人間として，福島第一と福島第二のどちらにもレジリエンスの好例がみられる。

- 対応の差は，電源の有無とそれによる情報の有無による相違であり，情報の有無が緊急時における対応を左右することが理解できる [9]

- 結果論ではあるが，津波高さとサイト高さの若干の相違が，命運を分けたという印象を持つ

次に，女川および東海第二の震災対応からの教訓をまとめた資料 [10] から指摘されたグッドプラクティスを表 6-4 に列挙した。どちらも事前準備の必要性がリストアップされている。また，緊急時のコミュニケーションが課題だと指摘している。上記の分析およびそれぞれのプラントの分析から，福島第一と女川の共通点と相違点 [10]，また福島第一と東海第二の共通点と相違点 [11] をまとめた。東北電力の英断と専門家の問題提起を受け入れた経営陣の判断により，敷地高さを保守的に想定高さを超えて設定したことが功を奏した。同様な専門家の問題提起と経営陣の受け入れとして，東海では地方自治体の担当者の

表 6-4　女川原子力発電所および東海第二原子力発電所の震災対応からの教訓（グッドプラクティス）
（「女川原子力発電所及び東海第二発電所東北地方太平洋沖地震及び津波に対する対応状況について（報告）」[10] より）

	女川原子力発電所	東海第二原子力発電所
組織，マネジメント，コミュニケーション	本店と発電所に組織横断の対応が可能な非常時体制 中央操作室と緊急時対策室の連絡要員配備 全社的な後方支援の準備 自衛隊の協力に対する理解	日頃の緊急時対応訓練の賜物（発電所長不在） 中央操作室と緊急時対策室の情報共有一可視化 地元やマスコミへの情報発信のありかた 協力会社との緊急時の連絡体制
事前の準備	アクセス道路途絶時の複数の移動・物資輸送の準備 建屋浸水に備えた排水用ポンプなどの資機材 水・食料の備蓄と補給方法 緊急時の連絡手段の確保 プラント保安要員の確保	避難方法を事前に準備 仮設電源作業の事前準備 水・食料の備蓄と補給方法 燃料の備蓄，補給方法
震災時の初動対応	火災対応準備	現場派遣のチーム編成 現場から中央操作室への連絡方法
追加対策	外部電源および給電設備の信頼性強化 バックアップの非常用電源 構内一斉放送及び方法などの事前準備	安全対策のタイムリーな実施（側壁の嵩上げ） 復旧作業における情報共有 通信設備の信頼性強化 災害対策に必要な機材の電源確保

どちらも事前準備の必要性をリストアップ
緊急時のコミュニケーションが課題

提案とプラント担当者の受け入れが見られた。

なお，大場ら[12][13]は，東海第二の事例はRespondingだけでなく，Learning，Anticipating，Monitoringの能力も発揮され，東日本大震災前の新設堰工事実施が実現した。東京電力は，時に規制要求を超えて自主的に新潟県中越沖地震からの教訓（Learning）に基づく耐震対策を，所有するすべての発電所で展開（Responding）した。免震重要棟もその代表的な対応の1つであり，東日本大震災当時は設置義務はなく，東海第二にはない。他方，津波対策は，「原子力発電所の津波評価技術」や発電所立地県のつくった浸水想定図に基づく評価・検討，明治三陸沖地震の波源を福島沖に持ってくる架空波源による検討（Anticipating/Responding），茨城県沿岸津波浸水想定図直接問い合わせ（Responding/Learning）などを実施した。結果として福島事故を防ぐあるいは事故の規模を小さくすることにつながるような具体的な津波対応（Responding）は実施しなかったと分析している。

6.2.3 まとめ

以上をまとめて，表6-5で4プラントの震災対応を比較した。

- 津波の想定高さは歴史的な時間とともに大きく変化しているので，正確な情報とは言えない。
- このため各プラントでは独自の判断が必要となった。
- 福島第一・第二にも女川にも東海第二にも，レジリエンスの好例が見られる。
- 対応の差は優先順位の相違であり，福島は地震対策に，女川・東海第二は津波対策に注力した。この差が明暗を分けた。
- 結果論だが，福島第一1～4号機と5～6号機および福島第二の影響の差は，津波高さとサイト高さの関係の相違であると判断できる。

今後，4つのサイトの良好事例と失敗事例を総合的に比較分析し，地震や津波のような大規模な外的事象も考慮した深層防護のありかたやリスク対策のありかたを検討する必要がある。

表 6-5　福島第一・第二と東海第二と女川の共通点と相違点
（「女川原子力発電所及び東海第二発電所東北地方太平洋沖地震及び津波に対する対応状況について（報告）」[10]，「レジリエンスエンジニアリングに基づく安全向上方策の実装に関する検討」[12]，「福島第一原子力発電所事故をふまえた組織レジリエンスの向上（IV）」[13]，「東日本大震災に耐えた原子力発電所」[11] より）

福島第一・第二	東海第二	女川
1F 5/6 号機（特設の空冷 EDG が稼働）と 2F（3 台の EDG が稼働）は冷温停止 正確なプラント情報による協力体制		
中越沖地震対策優先	新設堰（海水ポンプエリア）工事	敷地高さを想定高さ 3 m のところ 14.8 m に決定
津波対策検討までは実施（必須とは考えていない）	「茨城県土木部河川課」 延宝房総沖地震（1677）想定	平井元副社長の英断
B5b の情報入手済（テロ対策を実施していれば浸水防止可能だった）	「茨城県生活部原子力安全対策課」 原子力施設への情報提供	明治三陸津波，貞観地震を考慮
土木学会に調査依頼中	「原電」 安全確認と対策の実施	
文科省や保安院と相談中	専門家の問題提起と経営陣の受け入れ	専門家の問題提起と経営陣の受け入れ
免震重要棟と可搬式消防車設置（地震対策）	対策なし	免震構造の事務棟，耐震補強
津波の想定高さは時間とともに大きく変化している（正確な情報とは言えない） 福島第一・第二にも女川にも東海第二にもレジリエンスの好例 対応の差は優先順位の相違 　福島は地震対策に，女川・東海第二は津波対策に注力 　福島第一 1 ～ 4 と 5 ～ 6・第二の差は，津波高さとサイト高さの関係の相違（結果論だが）		

参考文献

［1］氏田博士他「エラーマネジメント研究（1）事故時の緊急時対応の分析」平成 28 年度人間工学会大会，三重県立看護大学，2018.

［2］氏田博士他「エラーマネジメント研究（3）福島第一事故時の 4 プラントサイトにおける良好事例・失敗事例の分析」平成 30 年度人間工学会大会，宮城学院女子大学，2018.

[3] 氏田博士他「福島第一事故時の原子力発電所における良好事例・失敗事例の分析—福島第一事故時の 4 プラントサイトにおける良好事例の比較分析」日本原子力学会 2018 年春の年会，大阪大学吹田キャンパス，2018.

[4] E. Hollnagel, D. D. Woods, N. Leveson (edt.) “Resilience Engineering Concept and Precepts” Prentice Hall, 2006.

[5] 中西晶『高信頼性組織の条件』生産性出版，2007.

[6] 林志行『事例で学ぶリスクリテラシー入門』日経 BP，2005.

[7] 東京電力「福島原子力事故調査報告書」2012.

[8] 菊澤研宗『組織の不条理』ダイヤモンド社，2000.

[9] 原子力安全推進協会「東京電力(株)福島第二原子力発電所東北地方太平洋沖地震及び津波に対する対応状況の調査及び抽出される教訓について（提言)」2012.

[10] 原子力安全推進協会「女川原子力発電所及び東海第二発電所東北地方太平洋沖地震及び津波に対する対応状況について（報告)」2013.

[11] 東北電力株式会社，お知らせ　平成 25 年 5 月 22 日　世界原子力発電事業者協会（WANO）原子力功労者賞の受賞について

[12] 大場恭子他「レジリエンスエンジニアリングに基づく安全向上方策の実装に関する検討—（1）4 つのコア能力を高めるための施策についての検討」人間工学，第 51 巻特別号，p.S238–S239，2015.

[13] 大場恭子他「福島第一原子力発電所事故をふまえた組織レジリエンスの向上(Ⅳ) : Safety-II を実現する Attitude 醸成の検討」日本機械学会 2015 年度年次大会，北海道大学，2015.

索引

【著者】

氏田博士（第1～3章，第4章4.1～4.4節，4.6節，第6章6.2節を執筆）
現在：環境安全学研究所代表，アドバンスソフト（株）リスク研究センター長，工学博士（東京大学），原子力学会フェロー
専門：リスク論，安全解析，知識工学，エネルギーシステム分析
経歴：（株）日立製作所エネルギー研究所主任研究員，東京工業大学特任教授，一般財団法人キヤノングローバル戦略研究所上席研究員，一般社団法人原子力安全推進協会特任調査役

作田 博（第5章，第6章6.1節を執筆）
現在：（株）原子力安全システム研究所社会システム研究所ヒューマンファクター研究センター主席研究員，工学博士（日本大学）
専門：ヒューマンファクターズ
経歴：関西電力（株）原子力発電部門

前田典幸（第4章4.5節を執筆）
現在：公益財団法人大原記念労働科学研究所協力研究員，一般社団法人原子力安全推進協会調査役
専門：ヒューマンファクターズ，根本原因分析，安全文化
経歴：関西電力（株）原子力発電部門，（株）原子力安全システム研究所社会システム研究所ヒューマンファクター研究センター主任研究員

ISBN978-4-303-72982-0

現場実務者のためのリスクマネジメント

2023年3月20日　初版発行

著　者　氏田博士・作田博・前田典幸　検印省略
発行者　岡田雄希
発行所　海文堂出版株式会社

本社　東京都文京区水道2-5-4（〒112-0005）
電話03（3815）3291（代）　FAX 03（3815）3953
http://www.kaibundo.jp/
支社　神戸市中央区元町通3-5-10（〒650-0022）
日本書籍出版協会会員・工学書協会会員・自然科学書協会会員

PRINTED IN JAPAN　印刷　東光整版印刷／製本　誠製本